高等职业教育智能机器人技术专业系列教材

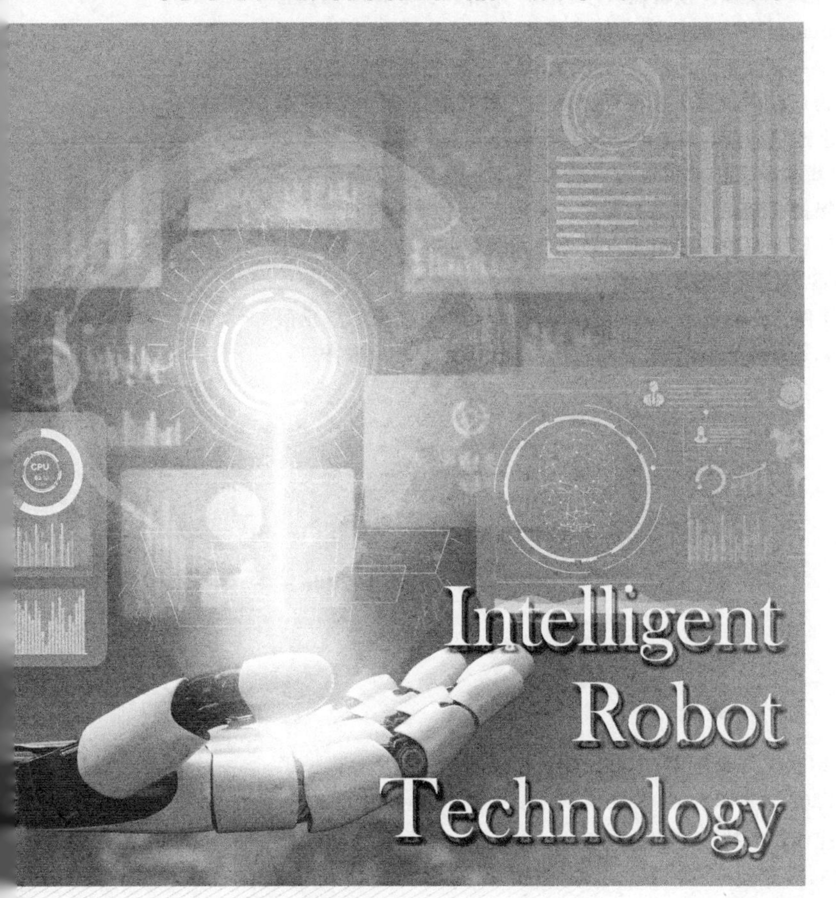

机器人操作系统ROS原理及应用

主 编 牛 杰 余正泓
副主编 姜奕雯 王万君 常根景
参 编 苏菲菲 张超杰 钱声强 林裴文

机械工业出版社
CHINA MACHINE PRESS

本书由浅入深、循序渐进地介绍了机器人操作系统 ROS 的功能和操作步骤。全书共 3 篇 6 个项目：预备篇（项目 1）介绍了学习 ROS 的预备知识，包括 ROS、Ubuntu 系统的概念与基本操作，以及 ROS 的安装与测试；基础篇（项目 2～项目 4）介绍了 ROS 架构、ROS 的通信机制以及 ROS 的常用组件，为后续的机器人实践做好准备；提高篇（项目 5～项目 6）介绍了 ROS 的建模与仿真、SLAM 与自主导航技术。本书以大量实例系统讲解了 ROS 的基本概念和常用编程方法与技巧，内容不仅满足了项目教学的需要，也保持了知识体系的完整性，并融入了素质教育元素。

本书可作为高等职业院校智能机器人技术等相关专业的教材，也可作为相关从业者的 ROS 入门学习培训用书。

本书配有电子课件，凡使用本书作为教材的教师可登录机械工业出版社教育服务网（www.cmpedu.com）注册后下载。咨询电话：010-88379375。

图书在版编目（CIP）数据

机器人操作系统 ROS 原理及应用/牛杰，余正泓主编. —北京：机械工业出版社，2023.8（2024.3 重印）

高等职业教育智能机器人技术专业系列教材

ISBN 978-7-111-73471-0

Ⅰ.①机…　Ⅱ.①牛…　②余…　Ⅲ.①机器人-操作系统-程序设计-高等职业教育-教材　Ⅳ.①TP242

中国国家版本馆 CIP 数据核字（2023）第 125769 号

机械工业出版社（北京市百万庄大街 22 号　邮政编码 100037）

策划编辑：薛　礼　　　　责任编辑：薛　礼　张翠翠

责任校对：韩佳欣　张　薇　　封面设计：张　静

责任印制：常天培

北京机工印刷厂有限公司印刷

2024 年 3 月第 1 版第 2 次印刷

184mm×260mm · 11.25 印张 · 275 千字

标准书号：ISBN 978-7-111-73471-0

定价：39.00 元

电话服务	网络服务
客服电话：010-88361066	机　工　官　网：www.cmpbook.com
010-88379833	机　工　官　博：weibo.com/cmp1952
010-68326294	金　　书　　网：www.golden-book.com
封底无防伪标均为盗版	机工教育服务网：www.cmpedu.com

序

智能机器人已经成为全世界科研人员研究的热门领域，但要转化为社会生产力，离不开千千万万一线工作者切切实实地掌握好与智能机器人相关的职业技能。很高兴看到经过来自全国的职业院校老师们和企业工程师们的共同努力，本套高职高专人工智能与机器人领域系列教材得以出版，这无疑为我国智能机器人从研究层面推广到产业层面夯实了重要基础。在此，我对本套教材的编写者们表示深深的感谢，同时对本套教材的阅读者们寄予厚望。

把智能机器人的设计原理转化为一线操作者能掌握的职业技能，是一件不容易掌握难易程度但又非常重要的事情。本套教材恰恰在这一方面做出了重要贡献。从《智能机器人组装与调试》到《智能机器人创新设计》，由浅入深，构成体系。尤其是《机器人操作系统ROS原理及应用》一书，突出了机器人操作系统在机器人软件与硬件结合过程中的重要作用，让学生明白机器人的“思想”是怎样在“身体”上执行的。智能机器人是和各个工科技能结合紧密的产品，在研发与产业化过程中，《人工智能概论》《智能机器人技术基础》《机器人传感器原理与应用》为基础知识，《嵌入式编程与应用》《数据通信与网络技术》《智能机器人感知技术》为必备技能，《智能机器人导航与运动控制》是综合水平的重要表现。除此之外，不断出现的新技术同样是值得我们去关注的。

在本套教材即将正式出版之际，感谢北京钢铁侠科技有限公司和机械工业出版社的辛苦组织。只有让学生从教材开始就学到社会亟须的技能和产业的先进知识，时刻关注前沿动态和时代发展，才能让新技术更快地转化为新产业，让同学们更好地成为智能机器人产业的中坚力量。

中国工程院院士
中国科学院计算技术
研究所研究员

前言 Preface

随着我国从制造大国向制造强国的不断推进，智能制造已成为企业转型升级、谋求发展的必经之路。机器人产业对于推动工业转型升级、加快科技创新、解放和发展生产力有着重要的意义。机器人操作系统（Robot Operating System，ROS）是一个机器人软件平台，它能为异质计算机集群提供类似操作系统的功能，可以更有效地管理计算机硬件，并提高计算机程序的开发效率。

目前市场上已有的 ROS 相关教材种类繁多，一般要求学习者有较好的理论基础。本书的编写遵循了结构化、一体化设计的思路，依据 ROS 开发所需的知识体系进行设计，加入素质教育元素。考虑到高职高专学生的特点，本书内容由简到难，既保证知识体系的相对完整，又方便开展理实一体化教学。资源的呈现力求按需提供，又有适度的拓展，可满足学习者的不同需求。

本书采用先呈现知识体系内容再给出综合项目训练的编排方式，充分利用数字资源优势，优化并缩减文本阐述的篇幅。这样既避免了纯粹项目化教材因项目选择和篇幅限制造成的知识体系残缺的问题，又可有效解决按传统教材项目实践少、内容枯燥的问题。

本书在编写过程中，与中国教育发展战略学会人工智能与机器人教育专委会、安徽效掌科技有限公司进行了深度合作，得到了相关领导和技术人员的大力支持。有些资深工程师直接参与编写与资源建设，保证了本书的科学性、先进性和实用性。

本书由常州信息职业技术学院、广东科学技术职业学院、烟台汽车工程职业学院、中国教育发展战略学会人工智能与机器人教育专委会、安徽效掌科技有限公司联合编写。全书由牛杰、余正泓担任主编。第 1 篇由牛杰、姜奕雯、常根景编写，第 2 篇由牛杰、姜奕雯和钱声强编写，第 3 篇由余正泓、王万君、林裴文、苏菲菲和张超杰编写。

由于编者水平有限，书中难免有疏漏之处，敬请读者批评指正。

编　者

二维码索引

目录 Contents

第 1 篇 预备篇

项目 1
机器人操作系统 ROS 概述及安装

项目简介

本项目将介绍机器人操作系统 ROS 的概念及特点，在读者对 ROS 系统具备一定感性认识的基础上，介绍 ROS 的操作平台 Ubuntu 系统及 Ubuntu 中的基本命令。本项目通过向导式操作演示指导 ROS 的安装和配置，通过仿真小海龟运动控制项目，读者可初步体验 ROS，为后续项目的开展打下基础。

教学目标

1. 知识目标

1）掌握机器人操作系统 ROS 的概念。

2）掌握 Ubuntu 系统的概念及常用命令。

3）掌握 ROS 系统的安装步骤。

2. 能力目标

1）能够利用合适的命令操作 Ubuntu 系统。

2）能够正确安装 ROS 系统。

3）能够正确对 ROS 系统进行配置与测试。

3. 素养目标

1）具有团队协作、交流沟通能力。

2）具有软件安装、调试的初步能力。

3）通过了解相关操作系统的发展历史、现状和发展趋势，体会人类对先进技术的无止境追求，世界各国人民勇于创新的科学精神。

任务进阶

任务 1　初识机器人操作系统 ROS

任务 2　开放系统 Ubuntu 的基本操作

任务 3　机器人操作系统 ROS 的安装及测试

任务1 初识机器人操作系统 ROS

任务目标

任务名称	初识机器人操作系统 ROS
任务描述	了解机器人操作系统 ROS 的起源、基本概念、通信架构，以及 ROS 的发展历程及特点
预习要点	1）机器人的发展背景 2）历代 ROS 的版本及发布时间 3）Ubuntu 系统的基本操作
材料准备	PC（Ubuntu 系统或安装 Ubuntu 系统的虚拟机）
参考学时	2

任务实施

1. 了解机器人操作系统的发展背景

如果现在想研发一款机器人，那么应该选择哪一款操作系统呢？人们平常接触到的操作系统主要有 Windows、Mac OS、Linux、国产麒麟，iOS、Andoird、华为鸿蒙以及华为 openEuler 欧拉等。操作系统的主要作用是处理如管理与配置内存、决定系统资源供需的优先次序、控制输入与输出设备、操作网络与管理文件系统等基本事务。这里要介绍的机器人操作系统 ROS 虽然名为"操作系统"，但本质上并不是操作系统，其与常规操作系统的对比如图 1-1 所示。ROS 提供了操作系统应有的服务，包括硬件抽象、底层设备控制、常用函数的实现、进程间的消息传递及包管理。

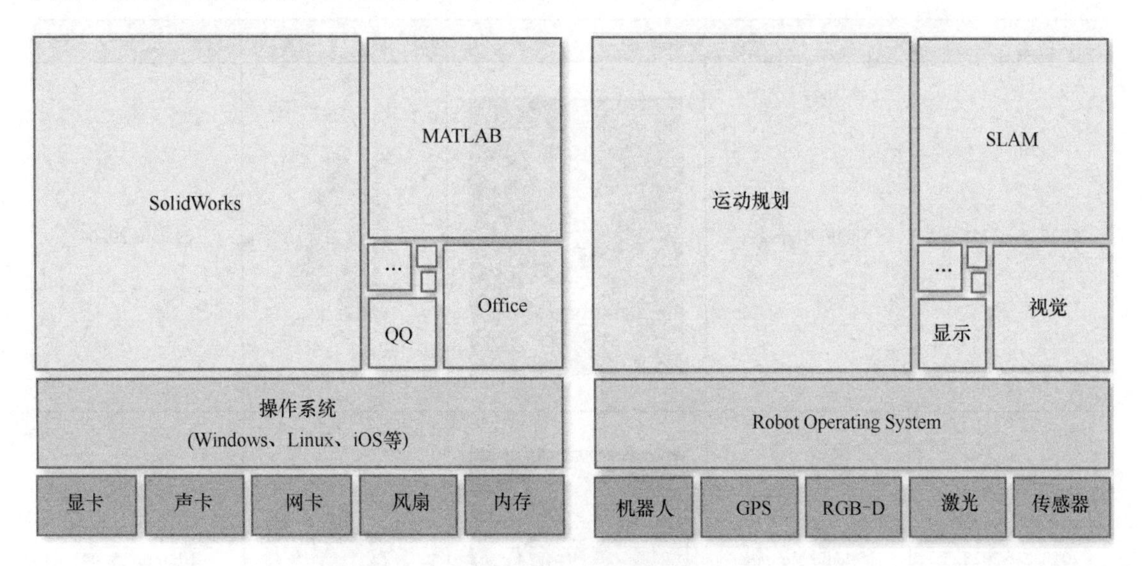

图 1-1 ROS 与常规操作系统的对比

ROS 最大的贡献就是制定了机器人开发的统一接口标准。用过工业机器人的人肯定知道，不同工业机器人的开发系统几乎都不一样，示教、编程方法也不同，一个熟练使用 Motoman 的工程师很可能并不会使用 Kuka 机械臂。即便是同种机器人，也可能会由于固件版本的更新换代而造成程序的不兼容。这就大大影响了机器人的推广普及。为此，市场需要用一种统一的方式来封装机器人，用户也只需要编写应用程序，而并不需要关心机器人的控制方式。如果所有机器人都采用了这种方式，那么机器人必将得到更广泛的应用。再者，机器人是一门复杂且涉及面极广的学科，从下往上包括机械设计、电动机控制、传感器、轨迹规划、运动学与动力学、运动规划、机器视觉、定位导航、机器学习以及高级智能等。单纯的研究者基本不可能在几年时间内掌握所有领域。研究人员也迫切需要有一种工具来帮助其快速搭建机器人软件系统，并且最好具备模块化设计的特点，可以方便地用自己的算法替换其中的某一模块。

抓创新就是抓发展，谋创新就是谋未来。在此背景下，ROS 作为一个开源的元级操作系统（后操作系统）较好地解决了上述问题。它提供了类似于操作系统的服务，包括硬件抽象描述、底层驱动程序管理、共用功能的执行、程序间的消息传递以及程序发行包管理，同时也提供了一些工具和库用于获取、建立、编写和执行多机融合的程序。

2. ROS 概述

ROS（Robot Operating System，机器人操作系统）是一个适用于机器人编程的框架，这个框架可把原本松散的零部件耦合在一起，提供通信架构。

ROS 起源于斯坦福大学人工智能实验室与机器人技术公司 Willow Garage 合作的个人机器人项目，2008 年后由 Willow Garage 维护。该项目研发的 PR2 机器人在 ROS 框架的基础上可以完成打台球、插插座、做早饭等功能。由此，ROS 引起了广泛的关注。2010 年，Willow Garage 正式开放 ROS 源代码，从而很快在机器人领域掀起了新的浪潮。特别是在 2013 年建立开源机器人基金会之后，相继推出长期支持版本。各版本信息见表 1-1。

表 1-1　ROS 版本信息列表

ROS 发行支持时间	ROS 版本	海报	吉祥物	Ubuntu 版本
2020. 5—2025. 5	Noetic Ninjemys			Ubuntu 20. 04
2018. 5—2023. 5	Melodic Morenia			Ubuntu 18. 04

（续）

ROS 发行支持时间	ROS 版本	海报	吉祥物	Ubuntu 版本
2017. 5—2019. 5	Lunar Loggerhead			Ubuntu 16. 04
2016. 5—2021. 5	Kinetic Kame	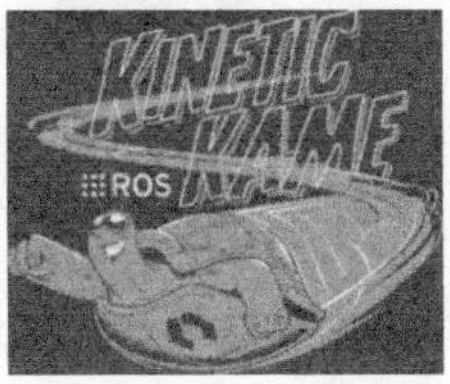		Ubuntu 16. 04
2015. 3—2017. 5	Jade Turtle		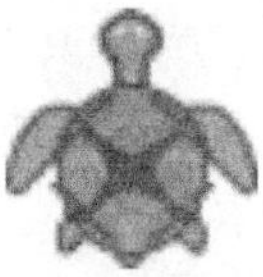	Ubuntu 14. 04
2014. 3—2019. 4	Indigo Igloo			Ubuntu 14. 04
2013. 8—2015. 5	Hydro Medusa			Ubuntu 12. 04

ROS 本质上只是连接了操作系统和拟开发的 ROS 应用程序，所以它也算是一个中间件，可在基于 ROS 的应用程序之间建立起沟通的桥梁。ROS 也是运行在 Linux 上的运行环境，

在这个环境中，机器人的感知、决策和控制算法可以更好地组织和运行，有效提高机器人软件的开发效率。它也提供了用于获取、编译、编写和跨计算机运行代码所需的工具和库函数。如图 1-2 所示，ROS 由通信机制（Plumbing）、开发工具（Tools）、应用功能（Capabilities）和生态系统（Ecosystem）4 个部分组成。通信机制实现了进程管理、进程通信和设备驱动功能。开发工具提供了诸如模拟器、可视化、调试工具包和日志管理工具包等工具，可提高工作效率。应用功能提供了大量的控制、规划、感知、地图和导航等开源库供调用。生态系统主要是为开发人员提供学习资料和交流平台。

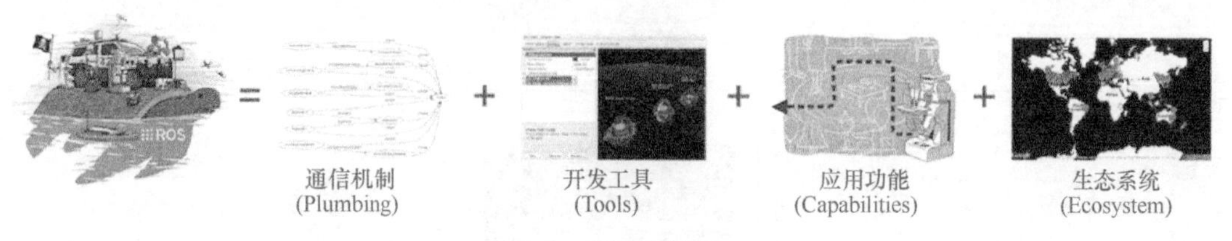

图 1-2 ROS 的组成

作为一款开源的软件系统，ROS 的宗旨是构建一个能够整合不同研究成果，实现算法发布、代码重用的通用机器人软件平台，其中包含一系列的工具、库和约定。同时，ROS 还可以为异质计算机集群提供类似操作系统的中间件。很多开源的运动规划、定位导航、仿真及感知等软件功能包使得这一平台的功能变得更加丰富，发展更加迅速。到目前为止，ROS 在机器人的感知、物体识别、脸部识别、姿势识别、运动理解、结构与运动、立体视觉、控制以及规划等多个领域都有相关应用。为了支持算法发布、代码重用等分享协作功能，ROS 具有如下特点：

1）分布式架构。ROS 往往包括一系列进程，这些进程存在于多个不同的主机中且在运行过程中通过端对端的拓扑结构进行联系。ROS 将每个工作进程都看作一个节点，使用节点管理器进行统一管理，并提供了一套消息传递机制，可以分散由计算机视觉和语音识别等功能带来的实时计算压力，能够迎合多机器人遇到的挑战。

2）多语言支持。所有节点的通信都是通过网络套字节来实现的，这意味着只要能够提供套字节的接口，节点程序就可以使用任何编程语言来实现。ROS 不依赖任何特定的编程语言，现在已经支持多种不同的语言，如 C++、Python 等。ROS 采用了一种独立于编程语言的接口定义语言（IDL），并实现了多种编程语言对 IDL 的封装，使得使用不同编程语言编写的“节点”程序也能够透明地进行消息传递。

3）良好的伸缩性。使用 ROS 进行机器人相关项目的研发，既可以简单地编写一两个节点单独运行，又可以通过 rospack、roslaunch 将很多个节点组成一个更大的工程，指定它们之间的关系及运行时的组织形式。

4）丰富的工具包。为了管理复杂的 ROS 软件框架，可通过大量的小工具去编译和运行多种多样的 ROS 组件，从而设计了内核，而不是构建一个庞大的开发和运行环境。这些工具承担了各种各样的任务，如组织源代码的结构、获取和设置配置参数、形象化端对端的拓扑连接、测量频带使用宽度、描绘信息数据以及自动生成文档等。

5）免费且开源。ROS 以分布式的关系遵循 BSD 许可，也就是说，允许各种商业和非商业的工程进行免费开发，这也是 ROS 得到广泛认可的原因之一。

总结评价

1. 工作计划表

序号	工作内容	计划完成时间	完成情况自评	教师评价

2. 任务实施记录及改善意见

____

____

____

拓展练习

总结 ROS Noetic Ninjemys 相较于其他 ROS 发行版本的特点。

任务2　开放系统 Ubuntu 的基本操作

任务目标

任务名称	开放系统 Ubuntu 的基本操作
任务描述	了解 Ubuntu 操作系统，掌握 Ubuntu 桌面环境和文件系统的基础知识，掌握文件和目录管理的一般方法命令
预习要点	1）什么是 Linux 2）常见的桌面环境 3）Linux 的目录结构
材料准备	PC（Ubuntu 系统或安装 Ubuntu 系统的虚拟机）
参考学时	2

预备知识

1. 什么是 Linux

Linux 存在于日常生活的各个领域，尽管人们不一定意识到。除了 Linux 或者 UNIX 系统开发及维护人员之外，其他人很少去真正了解什么是 Linux。比如，目前最流行的智能手机操作系统 Android 就是在 Linux 内核的基础上开发出来的。

Linux 内核最初只是由芬兰人林纳斯·托瓦兹（Linus Torvalds）在赫尔辛基大学上学时出于个人爱好而编写的。它是一套免费、可以自由传播的类 UNIX 操作系统，且是一个基于 POSIX 和 UNIX 的多用户、多任务及支持多线程、多 CPU 的操作系统。Linux 能运行主要的 UNIX 工具软件、应用程序和网络协议，支持 32 位和 64 位硬件。Linux 继承了 UNIX 以网络为核心的设计思想，是一个性能稳定的多用户网络操作系统。随着开发的深入，Linux 内核越来越成熟，越来越多的开发者参与到 Linux 应用程序的开发中来，也有许多开发者将其他系统平台上的应用与 Linux 内核整合，最终使得 Linux 成为一套完整的、免费的操作系统。

Linux 操作系统实际上是由分布在世界各地的参与者共同开发出来的，林纳斯·托瓦兹的主要工作是提供了 Linux 内核。而作为一个完整的操作系统，除了内核之外，还有许许多多的应用程序。面对这么多的软件包，最终用户如何管理整个 Linux 系统就成为一个非常棘手的问题。即使对于一个软件高手来说，也不可能精通 Linux 系统中的每个软件包。因此，迫切需要把一套相对比较容易管理、易于使用的 Linux 操作系统提供给普通用户。在这种情况下，就产生了众多形形色色的 Linux 发行版，如 Debian、Gentoo、Fedora 和 Ubuntu 等，而在这些主流分支上面又产生了许多其他的分支。可以说，每个发行版都有自己的特色，有的发行版专注于桌面应用，有的发行版专注于服务器应用。所有的发行版汇集在一起，就构成了整个 Linux 家族。

2. 什么是 Ubuntu

Ubuntu 是在 Debian 的基础上开发出来的，最早的版本发布于 2004 年 10 月，其版本号为 4.10。除了个人计算机外，Ubuntu 也推出了面向多种设备的版本，包括面向移动设备触屏设计的 Ubuntu Touch、用于智能电视的操作系统 Ubuntu TV、在 Intel Atom 处理器上运行的 Ubuntu Mobile 等。后来，Ubuntu 又推出了面向服务器的版本 Ubuntu Server。还有面向我国市场打造的优麒麟系统，其中默认配备了许多中文软件包，适合国内用户使用。截至目前，Ubuntu 已经成为 Linux 众多发行版中开发最活跃的版本之一。

本书中，ROS 安装的环境为 Ubuntu 桌面版。Ubuntu 桌面版主要运行在个人计算机以及笔记本计算机等设备上，是可以替代 Windows 作为个人日常办公、开发的操作系统。

目前，Ubuntu 桌面的最新版本为 Ubuntu 20.04.3 LTS 和 Ubuntu 21.04。前者为长期支持版本，每两年发布一次，其中的 LTS 表示长期技术支持。针对 LTS 版，Ubuntu 会提供 5 年的技术支持服务。后者为常规发布版本，每 6 个月发布一次。对于常规发布版本，Ubuntu 会提供至少 9 个月的安全更新服务。Ubuntu 是一款完全免费的操作系统，用户可以很容易地从 Ubuntu 官网获得自己所需要的安装介质及方法。Ubuntu 20.04 桌面终端如图 1-3 所示。Ubuntu 的下载网址是：https：//ubuntu. com/download。

3. Ubuntu 文件系统

在 Linux 系统中，最小的数据存储单位为文件。“一切皆文件”是 Linux 和 UNIX 一直贯彻的原则。也就是说，在 Linux 中，所有的数据都是以文件的形式存在的，包括设备。为了便于访问文件，Linux 按照一定的层次结构来组织文件系统。

Windows 中常见的磁盘格式有 FAT16、FAT32 和 NTFS。Windows 是一个封闭的系统，无法打开 ext3 或者 mac 日志式文件。在 Ubuntu 中，其文件系统广泛使用 ext3（ext4 是 ext3 的扩展）文件格式，从而实现了将整个磁盘的写入动作完整地记录在磁盘的某个区域上。而且在 Ubuntu 中可以实现主动挂载 Windows 文件系统，并以只读的方式访问磁盘中 Windows 系统上的文件。在 Ubuntu 中，磁盘文件系统、网络文件系统都可以非常方便地使用，屏蔽了网络和本地之间的差异。在 Ubuntu 中，所有的文件都是以基于目录的方式存储的。一切都是目录，一切都是文件。

在 Linux 系统中，所有的存储空间和设备都共享一个根目录，不同的磁盘块、不同的分

图 1-3 Ubuntu 20.04 桌面终端

区挂载上来后会成为某个子目录的子目录，甚至设备也挂载成为某个子目录下的一个文件。Linux 文件系统结构如图 1-4 所示。“/”是一切目录的起点，如大树的主干。其他的所有目录都是基于树干的枝条或者枝叶。在 Ubuntu 中，硬件设备（如光驱、软驱、USB 设备等）都将挂载到这颗繁茂的枝干之下，作为文件来管理。与 Windows 相比，Linux 在观念上有比较大的区别，在理解和使用 Linux 文件系统时一定要注意。

图 1-4 Linux 文件系统结构

/bin：bin 是 Binary 的缩写，存放系统中最常用的可执行文件（二进制文件）。

/boot：这里存放的是 Linux 内核和系统启动文件，包括 Grub、lilo 启动器程序。

/dev：dev 是 Device（设备）的缩写。该目录存放的是 Linux 的设备文件，如磁盘、分区、键盘、鼠标、USB 等设备文件。

/etc：这个目录用来存放所有的系统管理所需要的配置文件和子目录，如 passwd、hostname 等。

/home：用户的主目录。在 Linux 中，每个用户都有一个自己的目录，一般该目录是以用户的账号命名的。

/lib：存放共享的库文件，包含许多被/bin 和/sbin 中的程序使用的库文件。

/lost+found：这个目录一般情况下是空的，当系统非法关机后，这里就存放了一些零散文件。

/media：Ubuntu 系统自动挂载的光驱、USB 设备，用于存放临时读入的文件。

/mnt：作为被挂载文件系统的挂载点。

/opt：存放可选文件和程序的目录，主要被第三方开发者用来简易安装和卸载软件。

/proc：这个目录是一个虚拟的目录，它是系统内存的映射，用户可以通过直接访问这个目录来获取系统信息。这里存放所有标记为文件的进程，比如，cpuinfo 存放 CPU 当前工作状态的数据。

/root：该目录是系统管理员（也称为超级权限者）的主目录。

/sbin：s 就是 Super User 的意思，这里存放的是系统管理员使用的系统管理程序，如系统管理、目录查询等关键命令文件。

/srv：存放系统提供的服务数据。

/sys：存放系统设备和文件层次结构，并向用户程序提供详细的内核数据信息。

/tmp：这个目录是用来存放一些临时文件的，所有用户对此目录都有读写权限。

/usr：存放与系统用户有关的文件和目录。

任务实践

1. 创建文件

（1）touch 命令：touch 文件名 . 扩展名　在当前工作目录下新建一个 robot. txt 文件：

```
touch robot.txt
```

（2）gedit 命令：gedit 文件名 . 扩展名　该命令可打开一个新的文件，如果没有输入内容就直接关掉，且该文件没有被保存；输入了内容才可以保存。

```
gedit robot.txt
```

（3）vim 命令：vim 文件名 . 扩展名　如果系统提示需要安装 vim 工具，则可以使用如下命令：

```
sudo apt install vim
```

查看帮助的方式：在终端输入“vim”，按〈Enter〉键，进入 VIM，通过键盘输入“：help”。按〈Esc〉键，通过键盘输入“：wq”，退出文件并保存对文件的修改。

2. 显示文件列表

使用 ls 命令可显示文件列表，见表 1-2。

表 1-2　使用 ls 命令显示文件列表

运行命令	结　果
ls	列出当前工作目录的内容
ls/etc	列出/etc 目录的内容
ls-a	展示目录中的所有文件(包括隐藏文件)
ls-l	输出每一个文件的详细信息

（续）

运行命令	结　果
ls-lt	列出文件并对最后修改日期和时间进行排序
ls-ltr	列出文件并基于日期和时间逆向排序文件

3. 显示文件内容

拼接文件内容可使用 cat 命令：

```
cat[option] files
```

除此之外，cat 命令也可以用于从键盘创建一个文件：

```
cat > filename
```

或者将几个文件合并为一个文件：

```
cat file1 file2 > file3
```

cat 命令参数：

-n 或-number：从 1 开始对所有输出的行进行编号。

-b 或-number-nonblank：与-n 相似，只不过对空白行不编号。

-s 或-squeeze-blank：当遇到连续两行以上的空白行时，代换为一行空白行。

代码实践：在/home 目录下创建一个 robot. txt 文本文档，输入 ros 后关闭，试在下方补充对应命令：

4. 文件的常用操作

在 Linux 系统中，文件的常用操作指令见表 1-3。

表 1-3　文件的常用操作指令

文件操作	命　令
复制文件	语法：cp[选项] 源文件或目录 目标文件或目录 说明：该命令可把指定的源文件复制到目标文件或把多个源文件复制到目标目录中 命令参数： -a：该选项通常在复制目录时使用。它保留链接、文件属性，并递归地复制目录 -d：复制时保留链接 -f：删除已经存在的目标文件且不提示 -i：和-f 选项相反，在覆盖目标文件之前会给出提示以要求用户确认：回答 y 时，目标文件将被覆盖，是交互式复制 -p：除复制源文件的内容外，还会把修改时间和访问权限也复制到新文件中 -r：若给出的源文件是目录文件，此时将递归复制该目录下的所有子目录和文件 -l：不复制，只是链接文件

（续）

文件操作	命　　令
移动文件	语法：mv[选项]源文件或目录目标文件或目录 说明：根据 mv 命令中第二个参数类型的不同（是目标文件还是目标目录），mv 命令可将文件重命名或将其移至一个新的目录中。当第二个参数类型是文件时，mv 命令完成文件重命名操作，此时，源文件只能有一个，它将所给的源文件或目录重命名为给定的目标文件名。当第二个参数是已存在的目录名称时，源文件或目录参数可以有多个，mv 命令可将各参数指定的源文件移至目标目录中。在跨文件系统移动文件时，mv 先复制，再将原有文件删除，链接至该文件的链接也将丢失 命令参数： -b：若需覆盖文件，则覆盖前先备份 -f：如果目标文件已经存在，则不会询问而直接覆盖 -i：若目标文件已经存在，则会询问是否覆盖 -u：若目标文件已经存在，且 source 比较新，则会更新 -t：指定 mv 的目标目录。该选项适用于移动多个源文件到一个目录的情况，此时目标目录在前，源文件在后
删除文件	语法：rm[选项]文件名或文件夹名 说明：该命令可删除目录中的一个或多个文件或目录，它也可以将某个目录及其下的所有文件及子目录删除。对于链接文件，只是删除了链接，原有文件均保持不变 命令参数： -f：强力删除，不要求确认 -i：每删除一个文件或进入一个子目录都要求确认 -I：在删除超过 3 个文件或者递归删除前要求确认 -r、-R：递归删除子目录 -d、-dir：删除空目录 -v：显示删除结果
比较文件	语法：diff[-选项] 文件一 文件二 说明：比较两个文件内容的不同 部分命令参数： -a：diff 预设只会逐行比较文本文件 -b：不检查空格字符 -B：不检查空白行 -c：显示全部内容，并标出不同之处 -C：与执行“-c-”指令的作用相同 -d：使用不同的演算法，以较小的单位来做比较 --help：显示帮助
搜索文件	locate——基本语法：locate[option]pattern 命令参数： -c：控制 locate 命令输出搜索结果的数量 -i：使得 locate 命令在搜索时忽略字母的大小写 默认情况下，locate 通过文件名模糊匹配 whereis——基本语法：whereis[option]文件或者目录名称 说明：查找符合条件的文件。这些文件应为原始代码、二进制文件或帮助文件。该命令只能用于程序名的搜索，并且只能搜索二进制文件（参数-b）、man 说明文件（参数-m）和源代码文件（参数-s）。如果省略参数，则返回所有信息 参数说明： -b：只搜索二进制文件 -m：只搜索说明文件 manual 路径下的文件 -s：只搜索 source 源文件 -u：只展示有特殊条目的命令名称 which——基本语法：which 文件名 说明：该命令可在 PATH 变量指定的路径中搜索某个系统命令的位置，并且返回第一个搜索结果。该指令会在环境变量 $ PATH 设置的目录里查找符合条件的文件，其基本功能是寻找可执行文件 find——基本语法：find[options][查找路径][查找条件][处理动作] 说明：该命令为全功能搜索命令，非常复杂。详细用法可参考 Linux 相关文档

（续）

文件操作	命　令
压缩文件	语法：zip[option]zipfile file ... 说明：将 file 的所有文件和文件夹全部压缩成 zipfile 文件 命令参数： -d：从压缩文件中删除指定的文件 -m：将文件压缩并加入压缩文件后，删除原始文件，即把文件移到压缩文件中 -r：递归处理，将指定目录下的所有文件和子目录一并处理
解压文件	语法：unzip[option]zipfile 说明：将 zipfile 按照参数要求解压缩 命令参数： -P：使用 zip 的密码选项 -f：覆盖原有文件 -d：指定文件解压缩后要存储的目录 -n：解压缩时不覆盖原有文件 -o：不经询问直接覆盖原有文件 -u：覆盖原有文件，并将压缩文件中的其他文件解压缩到目录中 -c：将解压缩的结果显示到屏幕上，并对字符做适当的转换

5. 目录管理

在 Linux 系统中，目录管理的相关命令见表 1-4。

表 1-4　目录管理的相关命令

目录操作	命　令
显示工作目录	pwd
改变目录	cd[option]path
创建目录	mkdir[option]... directory... 常用参数只有一个“-p”，可以递归创建多层目录
移动目录	mv src target 该命令可将 src 目录移动到 target 目录中
复制目录	cp -r src target 该命令可将 src 目录复制到 target 目录中
删除目录	rm -r dir1/ 该命令可删除名称为 dir1 的目录

总结评价

1. 工作计划表

序号	工作内容	计划完成时间	完成情况自评	教师评价

2. 任务实施记录及改善意见

____

____

____

拓展练习

查阅并了解 Ubuntu 系统软件包管理的相关命令，掌握 apt 和 apt-get 命令有哪些区别。

任务 3　机器人操作系统 ROS 的安装及测试

任务目标

任务名称	机器人操作系统 ROS 的安装及测试
任务描述	基于 Ubuntu 20.04 LTS 系统完成 ROS Noetic 的安装及测试
预习要点	1）Ubuntu 软件仓库的概念 2）Ubuntu 基本命令行操作
材料准备	PC（Ubuntu 系统或安装 Ubuntu 系统的虚拟机）
参考学时	2

预备知识

Ubuntu 软件仓库又称为软件源，是由 Ubuntu 软件包维护者维护并发布的 DEB 软件包的集合。它通常存储于网络上，如 Ubuntu 官方在线软件仓库；也可以保存在光盘存储介质上，如 CD、DVD。通常，除了 Ubuntu 广泛提供的软件仓库外，网络上还有很多 Ubuntu 软件仓库的镜像（Mirror）。使用镜像软件仓库可以提高应用程序的安装速度，用户可以根据自己的地理位置选择最近的镜像。

Ubuntu 软件仓库配置界面如图 1-5 所示。Ubuntu 软件仓库共分为 4 个类别，不同类别对应于不同的等级，包括软件开发团队对某个程序的支持程度，以及该程序与自由软件观念的符合程度。

1）Main 组件：Main 组件包含自由软件的软件包，由 Canonical 团队完全支持。这些软件包与自由软件的设计观念一致，并且安装 Ubuntu 时默认可用。所有 Main 组件中的软件包都可免费获得安全更新和技术支持。OpenOffice. org、Abiword 和 Apache 网络服务器就在其中。

2）Restricted 组件：Restricted 组件包含通常使用的软件，由 Ubuntu 团队支持，但不是完全的自由软件许可授权。此组件中的软件包在标准 Ubuntu 安装 CD 中同样可用，并且能很容易删除。

3）Universe 组件：Universe 组件包含数千个不由 Canonical 官方支持的软件包。这些软件来自各种公共来源。此组件只能通过互联网下载获得。此组件中的所有软件包都能完美地运行工作。不过，这些软件包得不到官方的服务支持，只能由社区维护。

4）Multiverse 组件：Multiverse 组件包含非自由软件，也就是说，软件的许可协议需求与 Ubuntu Main 组件的许可协议规则不符。用户需负责验证自己是否有权使用该软件并接受单一的许可协议条款。Ubuntu 不提供支持和安全更新。这些软件包包括 VLC 和 Adobe Flash 插件。

很多软件包在默认的 Ubuntu 仓库中不可用。这些软件包可以从其他 Ubuntu 仓库或第三方软件中安装。要安装第三方软件中存在的软件包，需要添加该软件及其仓库。

图 1-5 Ubuntu 软件仓库配置界面

任务实践

1. 添加 sources. list

Souces. list 是用来保存软件源地址的文件，可使计算机能够安装来自 packages. ros. org 的软件包。用户需要将 ROS 软件源地址添加到该文件中，打开一个控制台，输入如下指令，这一步可以将镜像添加到 Ubuntu 系统源列表中。

```
$ sudo sh -c ' echo "deb http://packages.ros.org/ros/ubuntu $(lsb_release -sc) main" > /etc/apt/sources.list.d/ros-latest.list'
```

建议使用对应地区的镜像源，可以大大提高安装下载速度。例如，可以换成国内 Tsinghua University 镜像源：

```
$ sudo sh -c'./etc/lsb-release && echo "deb http://mirrors.tuna.tsinghua.edu.cn/ros/ubuntu/'lsb_release -cs'main" > /etc/apt/sources.list.d/ros-latest.list'
```

2. 添加密钥

```
$ sudo apt-key adv --keyserver ' hkp://keyserver.ubuntu.com:80 ' --recv-key C1CF6E31E6BADE8868B172B4F42ED6FBAB17C654
```

3. 更新软件包

更新系统，确保自己的 Debian 软件包和索引都是最新的，打开一个控制台，输入如下指令：

```
$ sudo apt update
```

4. 安装 ROS

ROS 中有很多函数库和工具，官网提供了 4 种默认的安装方式，也可以单独安装某个特定的软件包。

1）桌面完整版安装（推荐）：包含 ROS、rqt、Rviz、通用机器人函数库、2D/3D 仿真器、导航以及 2D/3D 感知功能。

```
$ sudo apt install ros-noetic-desktop-full
```

2）桌面版安装：包含 ROS、rqt、Rviz 以及通用机器人函数库。

```
$ sudo apt install ros-noetic-desktop
```

3）基础版安装：包含 ROS 核心软件包、构建工具以及通信相关的程序库，无 GUI 工具。

```
$ sudo apt install ros-noetic-ros-base
```

4）单个软件包安装：用户也可以安装某个指定的 ROS 软件包（使用软件包名称替换下面的 PACKAGE）：

```
$ sudo apt install ros-noetic-ros-base
```

建议使用桌面完整版安装方式。

5. ROS 的环境配置

ROS 安装到系统默认路径 /opt 下，Ubuntu 默认使用的终端是 bash。每次打开 ROS 的一个新终端时，都需要 source 这个脚本，也就是说，ROS 命令只在当前终端有用，具有单一时效性。

```
$ source /opt/ros/noetic/setup.bash
```

为了避免这一烦琐过程，需要将 ROS 环境变量自动配置好（即添加到 bash 会话中），这样每次打开一个新的终端时，ROS 环境变量都能够直接使用，不用重新配置环境。因此，用 echo 语句将命令添加到 bash 会话中，配置命令如下：

```
$ echo "source /opt/ros/kinetic/setup.bash" >> ~/.bashrc
$ source ~/.bashrc
```

这一命令是指在“.bashrc”文件中添加“source/opt/ros/kinetic/setup.bash”这条命令。可以按〈Ctrl+H〉组合键打开隐藏文件“.bashrc”，此时就可以看到已经添加了这条语句。

如果同时安装了多个 ROS 发行版，~/.bashrc 只会生效当前使用的这个版本的 setup.bash。如果用的终端是 zsh，则只需要把上面命令中的 bash 全部改成 zsh，例如：

```
$ echo "source /opt/ros/noetic/setup.zsh" >> ~/.zshrc
$ source ~/.zshrc
```

6. ROS 构建工厂依赖

此时，ROS 已经基本安装完成。为了创建和管理 ROS 工作区，ROS 提供了很多工具。其中，rosinstall 就是 ROS 中常用的一个命令行工具，它的主要作用是方便为 ROS 软件包下载和安装其依赖的源码树。要在 Ubuntu 上安装这个工具，可运行以下命令：

```
$ sudo apt-get install python-rosinstall python-rosinstall-generator python-wstool
build-essential
```

至此，一个完整的 ROS 就安装完成了。

7. 测试 ROS 安装

下面将通过运行一个例子来测试 ROS 是否安装正确：用 ROS 提供的 turtlesim 功能包在屏幕上显示 ROS 自带的小海龟，并通过键盘控制它的一个节点来实现小海龟的移动。这里会使用许多 ROS 术语，如节点、功能包和 roscore 等，这些术语将在之后的项目中介绍。

1）启动 ROS 环境，启动画面如图 1-6 所示。

```
$ roscore
```

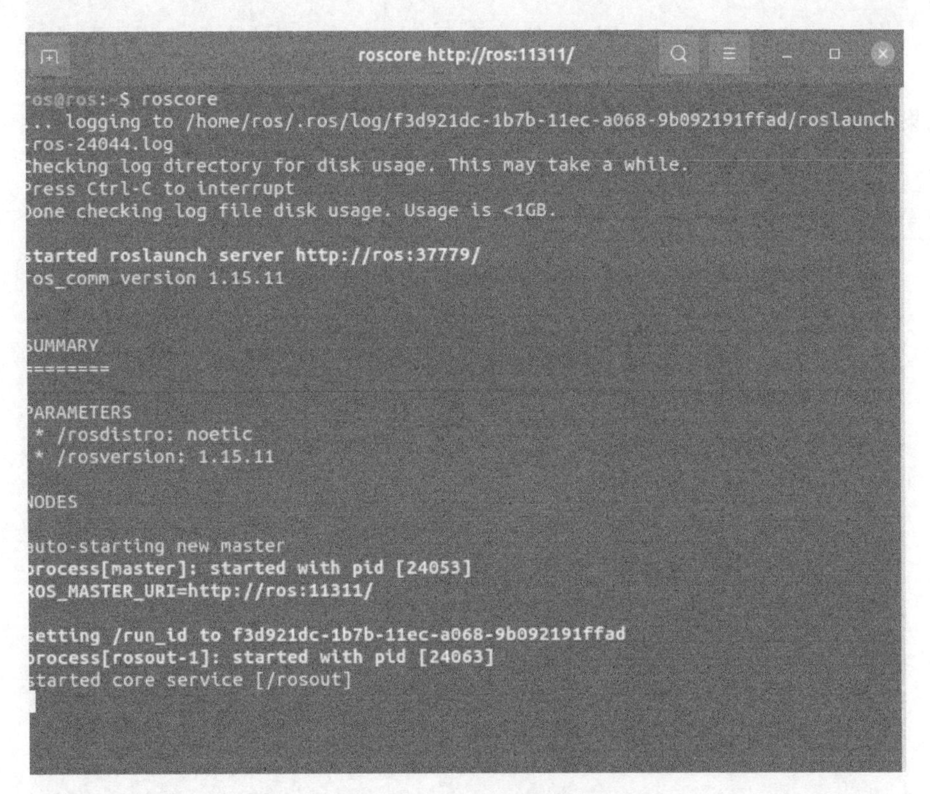

图 1-6　ROS 环境启动画面

2）打开新的终端，启动 turtlesim，可以看到 turtlesim_node 节点的启动画面如图 1-7 所示。

```
$ rosrun turtlesim turtlesim_node
```

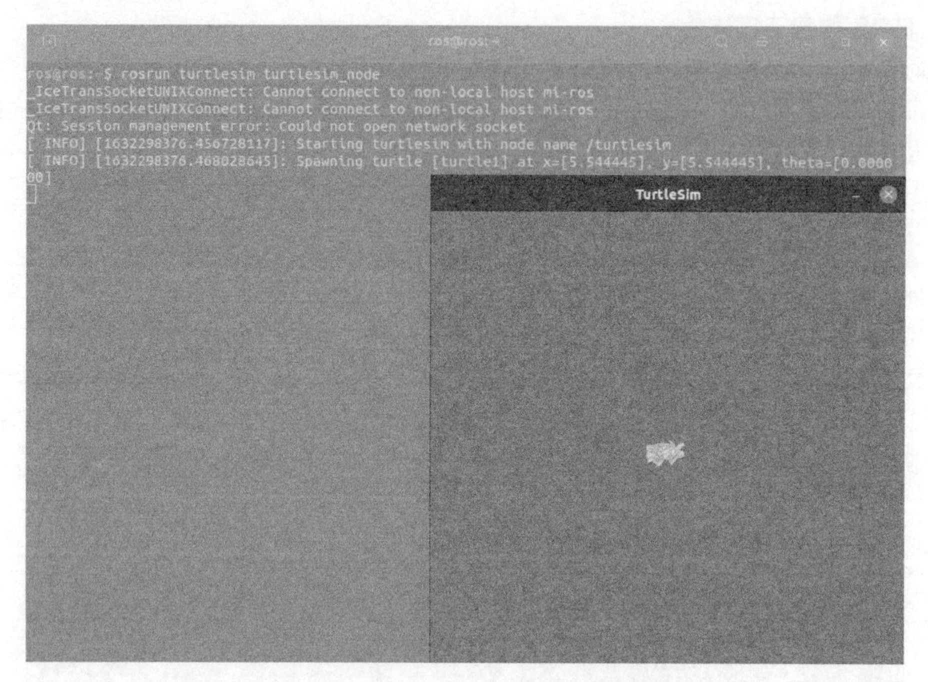

图 1-7　turtlesim_node 节点的启动画面

如果一切正常，就能出现小海龟画面了。

3）打开第三个终端，如图 1-8 所示，可以通过键盘控制小海龟（turtle）。

```
$ rosrun turtlesim turtle_teleop_key
```

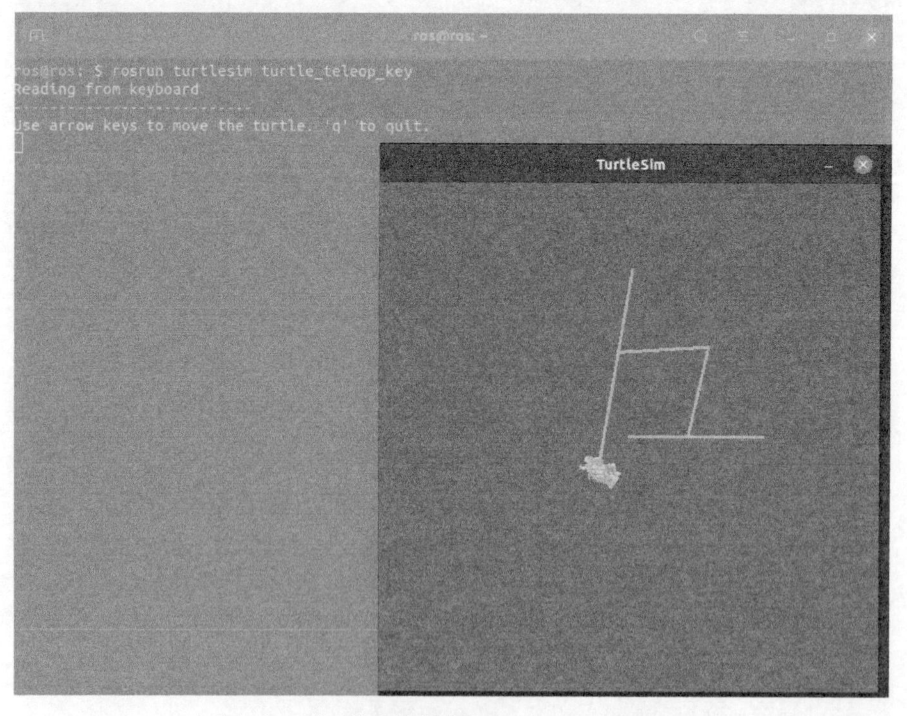

图 1-8　通过键盘控制小海龟（turtle）的画面

此时，按下键盘的〈↑〉〈↓〉〈←〉〈→〉键可以控制小海龟的运动。至此，测试小海龟运动的例子运行完成。

总结评价

1. 工作计划表

序号	工作内容	计划完成时间	完成情况自评	教师评价

2. 任务实施记录及改善意见

拓展练习

如果安装了多个版本的 ROS，在配置 ROS 环境时，是否还可以将环境变量直接添加到 Shell 启动脚本里面？有什么好的做法？

第 2 篇
基础篇

项目 2
ROS 架构

项目简介

本项目介绍 ROS 架构及其组成：先介绍 ROS 架构的 3 个层次，随后从系统实现的角度，详细介绍文件系统、计算图和开源社区 3 个层次的内涵。在此过程中，学生应体会节点、消息、话题、服务和功能包等核心概念，为后续学习通信机制打下基础。

教学目标

1. 知识目标

1）掌握机器人操作系统 ROS 的基本架构。

2）掌握文件系统、计算图和开源社区 3 个层次的概念。

3）掌握 ROS 中的节点、消息、话题、服务和功能包等概念的含义。

2. 能力目标

1）能够实现工作空间的创建。

2）能够编译 ROS 功能包。

3）能够使用工具实现节点、主题和服务的简单交互。

3. 素养目标

1）具有团队协作、交流沟通能力。

2）具有软件工具调试的初步能力。

3）坚持科学理念，秉持以系统思维看问题。

任务进阶

任务 1　了解 ROS 架构设计

任务 2　ROS 层级之文件系统认知

任务 3　ROS 层级之计算图认知

任务 4　ROS 层级之开源社区认知

任务 1　了解 ROS 架构设计

任务目标

任务名称	了解 ROS 架构设计
任务描述	了解机器人操作系统 ROS 架构中系统层（OS 层）、中间层和应用层的概念及作用

（续）

预习要点	1）ROS 架构分类原因 2）系统层（OS 层）、中间层、应用层各自的作用
材料准备	PC（Ubuntu 系统或安装 Ubuntu 系统的虚拟机）
参考学时	1

预备知识

封装性是流行的、面向对象编程（OOP）的重要特性。封装和抽象相结合就可以对外提供一个低耦合的模块。“分层”思想是封装性的精髓。

计算机的操作系统、应用软件设计、网络协议栈等都体现了分层思想。每个层次负责不同的功能，一般来讲，下层为上层提供服务，上层不需要知道下层的具体实现细节，只需使用下层提供的服务。层与层之间联系的桥梁称为“接口”。操作系统调用硬件提供的 API，软件调用操作系统提供的 API，而用户调用软件提供的 API。分层模型的优势在于，每一层所需要考虑的事情大大减少了。每一层只负责有限的部分，思维强度变低，也可以更可靠地进行测试。分层所带来的可复用性等有助于用户更好地管理计算机这一庞大的系统。ROS 架构也可以从系统层（OS 层）、中间层和应用层 3 个层次去理解。

任务实施

ROS 架构可以分为系统层（OS 层）、中间层和应用层 3 个层次。具体的层次间关系如图 2-1 所示。

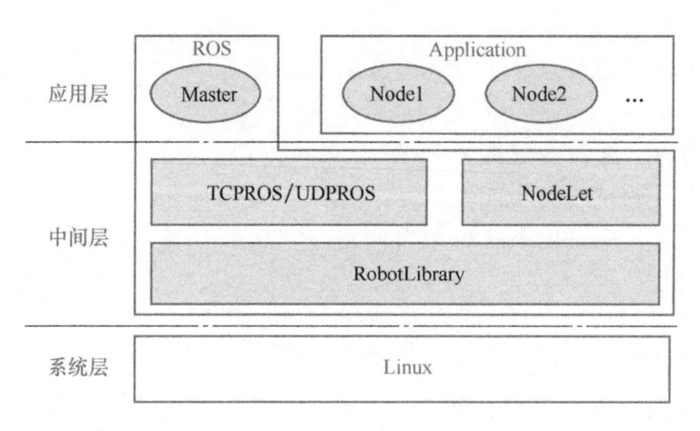

图 2-1　ROS 架构

1. 系统层（OS 层）

ROS 与传统意义上的计算机操作系统不同，它只是一个适用于机器人的开源的元操作系统。它提供了操作系统应有的服务，包括硬件抽象、底层设备控制、常用函数的实现、进程间的消息传递及包管理。它也提供了用于获取、编译、编写和跨计算机运行代码所需的工具和库函数。但是，ROS 无法像 Windows、Linux 一样直接运行在计算机硬件之上。所以，在 ROS 架构的 OS 层，用户可直接使用 ROS 官方推荐的 Ubuntu 系统。当然，也可以使用诸如 Mac OS、Debian 等系统。

2. 中间层

中间层是介于操作系统和应用程序之间的产品，可以理解为面向信息系统交互、集成过程中的通用部分的集合。以消息中间件为例，系统只需要把传输的消息交给中间件，由中间件负责传递，并保证传输过程中的诸如网络、协议等各类问题。相当于给别人发一个快递，只需要填写地址和收件人信息，把快递交给快递公司，至于运送过程中的一系列问题都不需要关心。由于 Linux 系统中并没有提供机器人应用开发需要的大量中间件，因此，ROS 的中间层需要进一步封装 OS 层提供的接口，为应用层提供格式统一、模块化的接口。其主要工作包括把 TCP/UDP 通信封装为 TCPROS/UDPROS，并提供主题通信、服务通信及参数共享 3 种通信方式，用于进程间通信。此外，额外提供了进程间通信方式——NodeLet，适用于实时性较高的应用。最后，在通信的基础之上提供大量机器人开发的库，如数据类型定义、坐标变换及运动控制等。

3. 应用层

应用层利用中间层抽象出来的接口创作各种应用供用户使用。在应用层，ROS 的一个核心管理者非节点管理器（Master）莫属，Master 管理整个系统的正常运行，ROS 基于节点管理器进行节点的发现、发布/订阅以及请求/响应等，并记录其他节点的位置，然后将这些信息通知给需要建立连接的节点。ROS 基于 XML-RPC 协议进行节点通信。功能包内的模块以节点为单位运行，通过 ROS 标准的输入/输出接口规则实现复用。用户可以根据机器人应用的具体需求设计各种应用功能包。同时，ROS 社区也共享了大量机器人应用功能包供用户使用。其功能包内的模块都以节点为单位运行，以 ROS 标准的输入/输出作为接口。因此，用户不需要关注模块内部的实现细节，只要明白接口规则即可复用，用户只需专注于软件结构、具体功能实现，减少了代码编写工作量。

总结评价

1. 工作计划表

序号	工作内容	计划完成时间	完成情况自评	教师评价

2. 任务实施记录及改善意见

____

____

____

拓展练习

1. 计算机操作系统分层架构拓展知识阅读。

2. ROS 应用层中的 Master 将机器人的各个组件连接起来，这样做有哪些优点？有哪些隐患？

任务 2　ROS 层级之文件系统认知

任务目标

任务名称	ROS 层级之文件系统认知
任务描述	掌握 ROS 文件系统级的定义，掌握层级中的核心概念
预习要点	1）ROS 的 3 个层级分类概念 2）工作空间、功能包、综合功能包、消息等概念
材料准备	PC（Ubuntu 系统或安装 Ubuntu 系统的虚拟机）
参考学时	2

预备知识

1. ROS 架构分层

ROS 架构分为 3 部分，如图 2-2 所示。每一个部分代表一个层级的概念。

第一级，文件系统级。该层使用一组概念来解释 ROS 的内部构成、文件夹结构，以及工作所需的核心文件。ROS 的内部结构、文件结构和所需的核心文件都在这一层。理解 ROS 文件系统是入门 ROS 的基础。一个 ROS 程序由一些按不同功能进行区分的文件夹组成。一般的文件夹结构是：工作空间文件夹（workspace）、源文件空间文件夹（src）、编译空间文件夹（build）和开发空间文件夹（devel）。

第二级，计算图级。计算图级体现的是进程与系统之间的通信。ROS 创建了一个连接所有进程的网络，通过这个网络节点可完成交互，获取其他节点发布的信息。围绕计算图级和节点，一些重要的概念也随即产生，包括节点、节点管理器、参数服务器、消息、服务、主题（或称话题）和消息记录包等。

第三级，开源社区级。该级包含一系列工具和概念，主要进行 ROS 资源的获取和分享。通过独立的网络社区，用户可以共享和获取知识、算法和代码。开源社区的大力支持使得 ROS 得以快速成长。

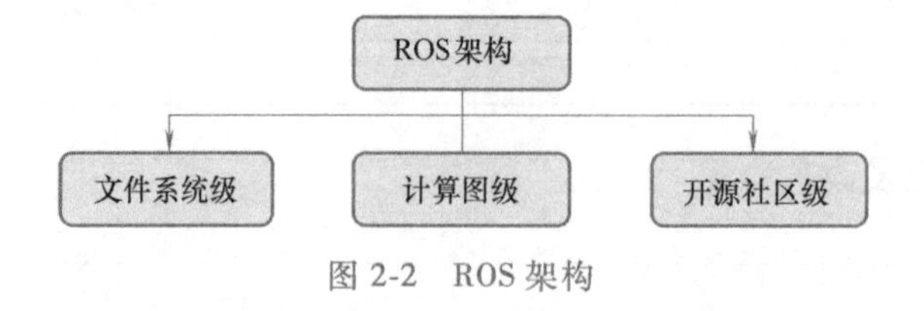

图 2-2　ROS 架构

2. 文件系统级结构

ROS 文件系统提供了一种高效的方式来组织和管理项目的构建过程。它不仅集中处理各个项目模块的组织和编译，还拥有一系列强大的工具，能够有效地管理和解决模块间的依赖关系。这样既保证了构建过程的集中化，又保留了足够的灵活性，使得各个模块可以根据自身的需求进行独立开发和测试，而不会受制于其他模块。如图 2-3 所示，一个 ROS 程序的不同组件要被放在不同的文件夹下。这些文件夹是根据功能的不同对文件进行组织的。

功能包（Package）：是ROS中软件组织的基本形式，也可以称之为软件包，是ROS应用程序代码的组织单元。每个功能包都可以包含程序库、可执行文件、脚本或者其他手动创建的内容。一个功能包具有最小的结构和最少的内容，用于创建ROS程序。它可以包含ROS运行的进程（节点）、配置文件等。

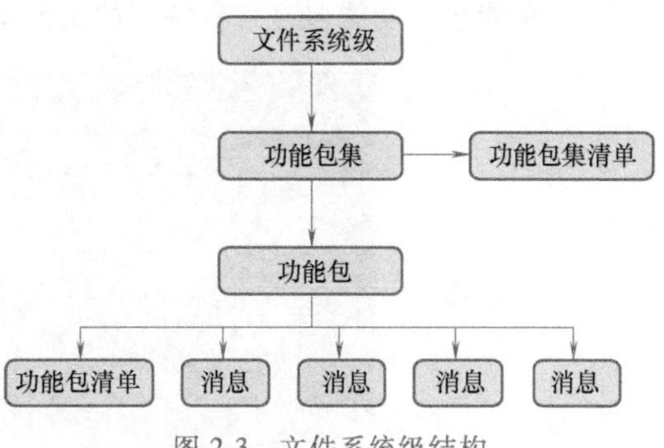

图2-3 文件系统级结构

功能包清单（Manifest）：提供有关功能包、许可信息、依赖关系和编译标志等的信息。它包含了关于功能包的信息，由一个名为package.xml的文件管理。

功能包集（Stack）：多个具有某些功能的包组织在一起，即可获得一个功能包集。

功能包集清单（Stack Manifest）：由一个名为package.xml的文件管理，类似普通功能包，但有一个XML格式的导出标记。其中有开源代码许可证信息、与其他功能包集的依赖关系等。

消息（Message）：一个进程发送到其他进程的信息。

（1）工作空间　工作空间是一个包含功能包、可编辑源文件或编译包的文件夹。当需要同时编译不同的功能包时非常有用，并且可以用来保存本地开发包。

图2-4所示是一个工作空间的示例，每个文件夹都是一个具有不同功能的空间。

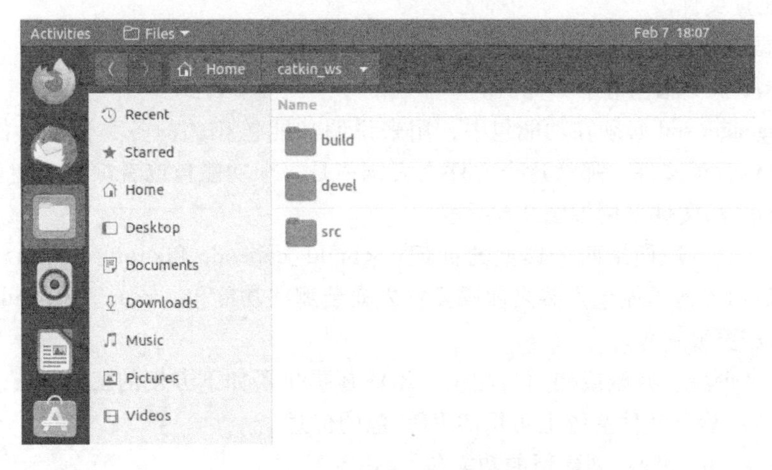

图2-4 工作空间示例

1）源文件空间：源空间（src文件夹）中包含功能包、项目等。这个空间中最重要的文件是CMakeLists.txt。当用户在工作空间中配置功能包时，src文件夹中的CMakeLists.txt文件调用CMake完成编译配置。

2）编译空间：在build文件夹里，CMake和catkin为功能包和项目保存缓存信息、配置和其他中间文件。

3）开发空间：devel文件夹用来保存编译后的程序，这些是无须安装就可以进行测试的程序。一旦项目通过测试，用户就可以安装或导出功能包与其他用户分享。

（2）功能包　功能包是一种特定的文件架构和文件夹组合，其结构示例如图 2-5 所示。

```
File Edit View Search Terminal Help
bingda@ubuntu:~/catkin_ws/src/face_tracker_pkg$ tree

├── CMakeLists.txt
├── config
│   └── track.yaml
├── data
│   └── face.xml
├── include
│   └── centroid.h
├── launch
│   ├── start_dynamixel_tracking.launch
│   ├── start_tracking.launch
│   └── start_usb_cam.launch
├── msg
│   └── centroid.msg
├── package.xml
├── scripts
├── src
│   └── face_tracker_node.cpp
└── srv
```

图 2-5　功能包结构示例

include/：包含了程序需要的库的头文件。

msg/：如果需要开发非标准消息，则相关文件可放在此处。

scripts/：包括 bash、Python 或任何其他脚本的可执行脚本文件。

src/：存储程序源文件的地方。

srv/：服务类型文件。

CMakeLists. txt：CMake 的生成文件。

config：配置文件。

data：数据文件。

package. xml：功能包清单文件。

其中，pageage. xml 必须在功能包中，用来说明功能包相关的各类信息。如果发现在某个文件夹里面包含该文件，那么这个文件夹大概率是一个功能包或者综合功能包。

package. xml 的文件示例如图 2-6 所示。

在该文件中，一般使用两个典型的标记：<build_depend>和<run_depend>。<build_depend>标记会显示当前功能包安装之前需要预先安装哪些功能包。<run_ depend>标记显示运行功能包代码需要哪些包。

此外，为了创建、修改或使用功能包，ROS 还提供了如下方便的工具：

1）rospack：检索文件系统上可用的 ROS 包的信息。

2）catkin_create_pkg：创建新的功能包。

3）catkin_make：编译工作空间。

4）rosdep：安装功能包的系统依赖项。

5）roscd：更改目录。

6）rosed：编辑文件。

7）roscp：从功能包复制文件。

8）rosd：列出功能包的目录。

9）rosls：列出功能包下的文件。

10）rosrun：运行功能包。

```
<?xml version="1.0"?>
<package format="2">
  <name>example</name>
  <version>0.0.0</version>
  <description>The example package</description>

  <!-- One maintainer tag required, multiple allowed, one person per tag -->
  <!-- Example:  -->
  <!-- <maintainer email="jane.doe@example.com">Jane Doe</maintainer> -->
  <maintainer email="example@todo.todo">test</maintainer>

  <!-- One license tag required, multiple allowed, one license per tag -->
  <!-- Commonly used license strings: -->
  <!--   BSD, MIT, Boost Software License, GPLv2, GPLv3, LGPLv2.1, LGPLv3 -->
  <license>TODO</license>

  <buildtool_depend>catkin</buildtool_depend>
  <build_depend>roscpp</build_depend>
  <build_depend>std_msgs</build_depend>
  <build_export_depend>roscpp</build_export_depend>
  <build_export_depend>std_msgs</build_export_depend>
  <exec_depend>roscpp</exec_depend>
  <exec_depend>std_msgs</exec_depend>

  <!-- The export tag contains other, unspecified, tags -->
  <export>
    <!-- Other tools can request additional information be placed here -->
  </export>
</package>
```

图 2-6 package.xml 文件示例

（3）综合功能包　综合功能包是一些只有一个文件的特点包，是 package.xml 文件，不包含其他文件，如代码等。它用于引用其他功能特性类似的功能包。

如果要定位一个名为 ros_tutorials 的综合功能包，则可以使用以下命令：

```
$ rosstack find ros_tutorials
```

->显示路径为/opt/ros/noetic/share/ros_tutorials。

要查看里面的代码，可用下面的命令，结果如图 2-7 所示。

```
$ vim /opt/ros/noetic/share/ros_tutorials/package.xml
```

（4）消息　消息类型语言是 ROS 节点发布数据值的载体。ROS 消息类型，即 ROS 话题的格式，可视为 ROS 的数据类型。ROS 消息类型是基于 C++基本类型封装为 .msg 文件实现的。通过消息，ROS 能够使用多种编程语言生成不同类型消息的源代码。

ROS 提供了很多预定义的消息类型，用户可以直接引用。ROS 基本数据类型包括字符型、整型以及浮点型等，位于 std_msgs 包。ROS 常用的数据类型基本上是基于基本数据类型封装而成的，按照功能封装在不同的包内。此外，虽然 ROS 提供了较为丰富的预定义消息类型，但是在实际开发中，经常需要定义合适的数据类型以满足自己的需求。在机器人相关应用中，如果需要用户自定义一种新的消息类型，那么应该把消息的类型定义放到功能包的 msg 文件夹下。该文件夹中有用于定义各种消息的文件。这些文件都以 .msg 为扩展名。

```
<?xml version="1.0"?>
<package>
  <name>ros_tutorials</name>
  <version>0.10.2</version>
  <description>
    ros_tutorials contains packages that demonstrate various features of ROS,
    as well as support packages which help demonstrate those features.
  </description>
  <maintainer email="dthomas@osrfoundation.org">Dirk Thomas</maintainer>
  <license>BSD</license>

  <url type="website">http://www.ros.org/wiki/ros_tutorials</url>
  <url type="bugtracker">https://github.com/ros/ros_tutorials/issues</url>
  <url type="repository">https://github.com/ros/ros_tutorials</url>
  <author>Josh Faust</author>
  <author>Ken Conley</author>

  <buildtool_depend>catkin</buildtool_depend>

  <run_depend>roscpp_tutorials</run_depend>
  <run_depend>rospy_tutorials</run_depend>
  <run_depend>turtlesim</run_depend>

  <export>
    <metapackage/>
  </export>
</package>
```

图 2-7　ros_tutorials 综合功能包示例

消息类型的定义必须包括两个主要部分：字段和常量。字段定义需要在消息中传递的数据类型。常量用于定义字段的名称。

.msg 文件的示例如下：

```
int32 id
float32 vel
string name
```

ROS 消息所使用的常见标准数据类型见表 2-1。

表 2-1　ROS 消息所使用的常见标准数据类型

基本类型	序列化	C++	Python 2/Python 3
bool	unsigned 8-bit int	uint8_t	bool
int8	signed 8-bit int	int8_t	int
uint8	unsigned 8-bit int	uint8_t	int
int16	signed 16-bit int	int16_t	int
uint16	unsigned 16-bit int	uint16_t	int
int32	signed 32-bit int	int32_t	int
uint32	unsigned 32-bit int	uint32_t	int
int64	signed 64-bit int	int64_t	long int
uint64	unsigned 64-bit int	uint64_t	long int
float32	32-bit IEEE float	float	float
float64	64-bit IEEE float	double	float
string	ascii string	std::string	str bytes
time	secs/nsecs unsigned 32-bit ints	ros::Time	rospy. Time
duration	secs/nsecs signed 32-bit ints	ros::Duration	rospy. Duration

（5）服务　与ROS msg消息的格式类似，ROS使用了服务描述语言来描述ROS服务类型，以实现节点之间的请求/响应通信。服务的描述存储在功能包的srv子目录下的 .srv文件中。服务是节点之间通信的另一种方式。服务允许节点发送一个请求（request）并获得一个响应（response），即一个srv文件描述一项服务。它包含两个部分，即请求和响应，由“---”分隔。

srv的样例如下：

```
int64 A
int64 B
---
int64 SUM
```

ROS中有一些执行某些功能与服务的工具。rossrv工具能输出服务说明、.srv文件所在的功能包名称，并可以找到使用某个服务类型的源代码文件。

任务实践

1. 创建工作空间

开始具体工作之前，首先创建工作空间。若要查看ROS正在使用的工作空间，则可以使用下面的命令：

```
$ echo $ ROS_PACKAGE_PATH
```

返回类似信息：

```
/opt/ros/noetic/share
```

将要创建的文件夹在根目录下的catkin_ws/src/中，因此，第一步创建对应的文件夹：

```
$ mkdir -p ~/catkin_ws/src
```

随后，进入src目录，进行工作空间初始化：

```
$ cd ~/catkin_ws/src/
$ catkin_init_workspace
```

创建好工作空间之后，里面并没有功能包，只有一个CMakeLists.txt。下一步操作就是编译工作空间：

```
$ cd ~/catkin_ws
$ catkin_make
```

返回类似信息：

```
Base path:/home/nj/catkin_ws
Source space:/home/nj/catkin_ws/src
Build space:/home/nj/catkin_ws/build
Devel space:/home/nj/catkin_ws/devel
Install space:/home/nj/catkin_ws/install
####
#### Running command:"cmake /home/nj/catkin_ws/src -DCATKIN_DEVEL_PREFIX=/home/nj/catkin_ws/devel -DCMAKE_INSTALL_PREFIX=/home/nj/catkin_ws/install -G Unix Makefiles" in "/home/nj/catkin_ws/build"
```

```
####
--The C compiler identification is GNU 9.3.0
--The CXX compiler identification is GNU 9.3.0
--Check for working C compiler:/usr/bin/cc
--Check for working C compiler:/usr/bin/cc --works
--Detecting C compiler ABI info
--Detecting C compiler ABI info -done
--Detecting C compile features
--Detecting C compile features -done
--Check for working CXX compiler:/usr/bin/c++
--Check for working CXX compiler:/usr/bin/c++ --works
--Detecting CXX compiler ABI info
--Detecting CXX compiler ABI info -done
--Detecting CXX compile features
--Detecting CXX compile features -done
--Using CATKIN_DEVEL_PREFIX:/home/nj/catkin_ws/devel
--Using CMAKE_PREFIX_PATH:/opt/ros/noetic
--This workspace overlays:/opt/ros/noetic
--Found PythonInterp:/usr/bin/python3 (found suitable version "3.8.10", minimum
required is "3")
--Using PYTHON_EXECUTABLE:/usr/bin/python3
--Using Debian Python package layout
--Found PY_em:/usr/lib/python3/dist-packages/em.py
--Using empy:/usr/lib/python3/dist-packages/em.py
--Using CATKIN_ENABLE_TESTING:ON
--Call enable_testing()
--Using CATKIN_TEST_RESULTS_DIR:/home/nj/catkin_ws/build/test_results
--Forcing gtest/gmock from source, though one was otherwise available.
--Found gtest sources under '/usr/src/googletest':gtests will be built
--Found gmock sources under '/usr/src/googletest':gmock will be built
--Found PythonInterp:/usr/bin/python3 (found version "3.8.10")
--Found Threads:TRUE
--Using Python nosetests:/usr/bin/nosetests3
--catkin 0.8.10
--BUILD_SHARED_LIBS is on
--BUILD_SHARED_LIBS is on
--Configuring done
--Generating done
--Build files have been written to:/home/nj/catkin_ws/build
```

经过上述操作之后，可以看到在对应的文件夹下自动生成了 build 和 devel 文件夹。接下来重新加载 setup. bash 文件，完成对应配置：

```
$ source devel/setup.bash
```

2. 创建功能包和综合功能包

创建好工作空间之后，可以在工作空间中创建新的功能包：

```
$ cd catkin_ws/src
$ catkin_create_pkg tutorials std_msgs roscpp
```

返回类似信息：

```
reated file tutorials/package.xml
Created file tutorials/CMakeLists.txt
Created folder tutorials/include/tutorials
Created folder tutorials/src
Successfully created files in /home/nj/catkin_ws/src/tutorials.Please adjust the
values in package.xml.
```

上述命令的含义是创建一个名为 tutorials 的功能包，该功能包依赖项包括 std_msgs 和 roscpp。

catkin_cretate_pkg 命令的格式说明为

```
$ catkin_cretate_pkg[pageage_name][depend1][depend2][depend3]…
```

3. 编译 ROS 功能包

现在已经有了工作空间，并且在其中创建了一个名为 tutorials 的功能包，接下来，只要添加一些 tutorials 的功能代码文件，就可以使用该功能包了。假设已经完成了相关的代码工作，在正式使用之前，还需要对功能包进行编译工作。

首先回到工作空间文件夹下，然后运行编译命令。

```
cd ~/catkin_ws
catkin_make
```

返回类似信息：

```
Base path:/home/nj/catkin_ws
Source space:/home/nj/catkin_ws/src
Build space:/home/nj/catkin_ws/build
Devel space:/home/nj/catkin_ws/devel
Install space:/home/nj/catkin_ws/install
####
#### Running command:"cmake /home/nj/catkin_ws/src -DCATKIN_DEVEL_PREFIX=/home/
nj/catkin_ws/devel -DCMAKE_INSTALL_PREFIX=/home/nj/catkin_ws/install -G Unix
Makefiles" in "/home/nj/catkin_ws/build"
####
--Using CATKIN_DEVEL_PREFIX:/home/nj/catkin_ws/devel
--Using CMAKE_PREFIX_PATH:/home/nj/catkin_ws/devel;/opt/ros/noetic
--This workspace overlays:/home/nj/catkin_ws/devel;/opt/ros/noetic
--Found PythonInterp:/usr/bin/python3 (found suitable version "3.8.10", minimum
required is "3")
```

```
--Using PYTHON_EXECUTABLE:/usr/bin/python3
--Using Debian Python package layout
--Using empy:/usr/lib/python3/dist-packages/em.py
--Using CATKIN_ENABLE_TESTING:ON
--Call enable_testing()
--Using CATKIN_TEST_RESULTS_DIR:/home/nj/catkin_ws/build/test_results
--Forcing gtest/gmock from source, though one was otherwise available.
--Found gtest sources under'/usr/src/googletest':gtests will be built
--Found gmock sources under'/usr/src/googletest':gmock will be built
--Found PythonInterp:/usr/bin/python3 (found version "3.8.10")
--Using Python nosetests:/usr/bin/nosetests3
--catkin 0.8.10
--BUILD_SHARED_LIBS is on
--BUILD_SHARED_LIBS is on
--~~~~~~~~~~~~~~~~~~~~~~~~~~~~~~~~~~~~~~~~~~~~~~~~~~~~~~~~~~~
--~~  traversing 1 packages in topological order:
--~~  -tutorials
--~~~~~~~~~~~~~~~~~~~~~~~~~~~~~~~~~~~~~~~~~~~~~~~~~~~~~~~~~~~
--+++ processing catkin package:'tutorials'
--==> add_subdirectory(tutorials)
--Configuring done
--Generating done
--Build files have been written to:/home/nj/catkin_ws/build
####
#### Running command:"make -j8 -l8" in "/home/nj/catkin_ws/build"
####
```

如果没有看到错误信息提示，则说明功能包编译成功。

这里因为在 tutorials 功能包中没有编写任何代码，所以该功能包虽然编译成功，但是并不能实现任何功能。后面的项目会逐步介绍如何写入对应的代码及赋予功能包相应的功能实现。

总结评价

1. 工作计划表

序号	工作内容	计划完成时间	完成情况自评	教师评价

2. 任务实施记录及改善意见

拓展练习

1. 切换到工作空间的 src 目录下，从网络上下载 turtlesim 的源代码功能包（官网：https：//github. com/ros/ros_ tutorials. git）。

2. 对从网上下载的小海龟源代码程序包进行代码编译，运行 turtlesim 功能包，并观察现象。

任务3　ROS 层级之计算图认知

任务目标

任务名称	ROS 层级之计算图认知
任务描述	掌握 ROS 计算图级的定义，掌握层级中的核心概念
预习要点	1）ROS 计算图级组成 2）节点、节点管理器、参数服务器、主题和服务等概念
材料准备	PC（Ubuntu 系统或安装 Ubuntu 系统的虚拟机）
参考学时	2

预备知识

ROS 会创建一个连接到所有进程的点对点网络，如图 2-8 所示。它能够保证数据系统中的所有节点都在该网络中，并且通过网络与其他节点通信。

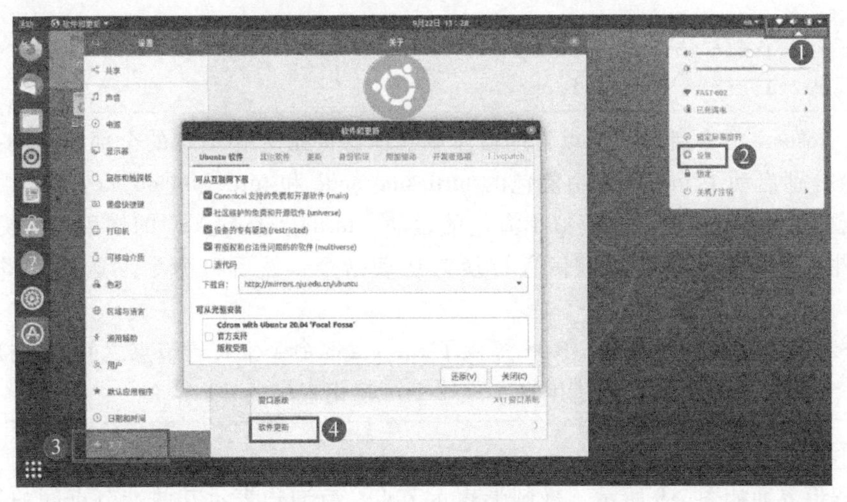

图 2-8　ROS 计算图网络

1）节点（Node）：ROS 节点是用 ROS 客户端库（如 roscpp、rospy）写成的计算执行过程。一个机器人控制系统由很多节点组成，以便在精细的尺度上模块化。例如，在一台服务机器人中，一个节点可进行人脸识别，一个节点可负责执行导航，一个节点可进行机械臂抓取。

2）节点管理器（Master）：节点管理器用于节点的名称注册和查找等。节点通过节点管理器通信来报告其注册信息。当这些注册信息改变时，节点管理器会回调这些节点。值得注意的是，ROS 是一个分布式网络系统，用户可以在某一台计算机上运行节点管理器，在该管理器或其他计算机上运行节点。

3）参数服务器（Parameter Server）：参数服务器能够使数据通过关键词存储在一个系统的核心位置。使用参数，能够在运行时对节点进行配置或者改变其任务。

4）消息（Message）：节点通过消息完成信息交互。消息是一种严格的数据结构，可以包含嵌套的结构和阵列。

5）话题（Topic）：消息以一种发布/订阅（Publish/Subscribe）的方式传递。一个节点通过把消息发送到给定的话题来发布一个消息。话题适用于识别消息内容的名称。一个节点对某个类型的数据感兴趣，它只要订阅相关的话题即可。

6）服务（Service）：服务也是一种与节点进行交互的方式。与话题的“发布/订阅”方式不同，服务的传输方式是“请求/回复”，即服务被定义为一对消息结构：一个用于请求，一个用于回复。节点提供某种名称的服务，然后客户通过发送请求信息并等待响应来使用服务。

7）消息记录包（Bag）：消息记录包是一种用于保存和回放 ROS 消息数据的文件格式。消息记录包能够获取并记录各种传感器数据，是用于检索机器人数据的重要机制。

任务实践

这里将以 turtlesim 为例来说明计算图级中的相关核心概念，并介绍相关典型命令。

1）启动 turtlesim，在 3 个不同的终端中分别执行以下指令：

```
$ roscore
$ rosrun turtlesim turtlesim_node
$ rosrun turtlesim turtle_teleop_key
```

其中，roscore 命令启动了节点管理器。该管理器将在使用 ROS 的全部时间内持续运行。rosrun 命令分别启动了 turtlesim 功能包的 turtlesim_node 和 turtle_teleop_key 节点。turtlesim_node 负责创建 turtlesim 窗口并模拟小海龟的运动。turtle_teleop_key 的作用是捕捉方向键被按下的事件，并将方向键的按键信息转换为运动指令，然后将命令发送到 turtlesim_node 节点。

2）查看节点构成的计算图。ROS 提供了 rqt_graph 命令来查看节点之间的连接关系。这个命令中，r 代表 ROS，qt 指的是用来实现这个可视化程序的 QT 界面。

```
$ rqt_graph
```

返回图形界面如图 2-9 所示，椭圆形表示节点，有向边表示其两端节点间的发布/订阅关系。其中，该计算图告诉用户，teleop_turtle 节点向话题 turtlel/cmd_vel 发布消息，而 turtlesim 节点订阅了这些消息。

rqt_graph 还有其他选项来微调显示的计算图，比如左上角的下拉选项以及复选框选项等。图 2-10 所示为所有话题信息的 rqt_graph 显示形式，相较于图 2-9 更为直观。

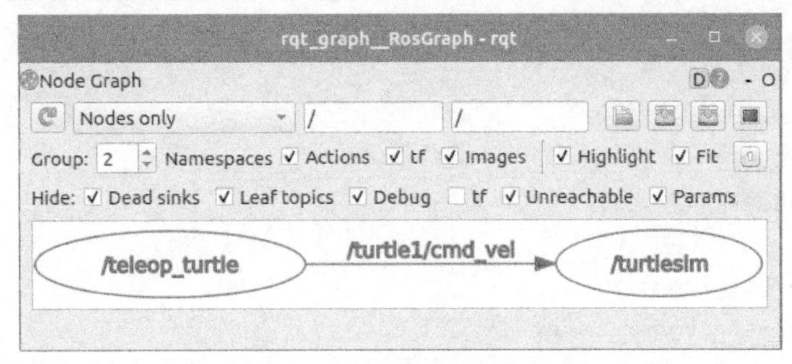

图 2-9　rqt_graph 返回图形界面

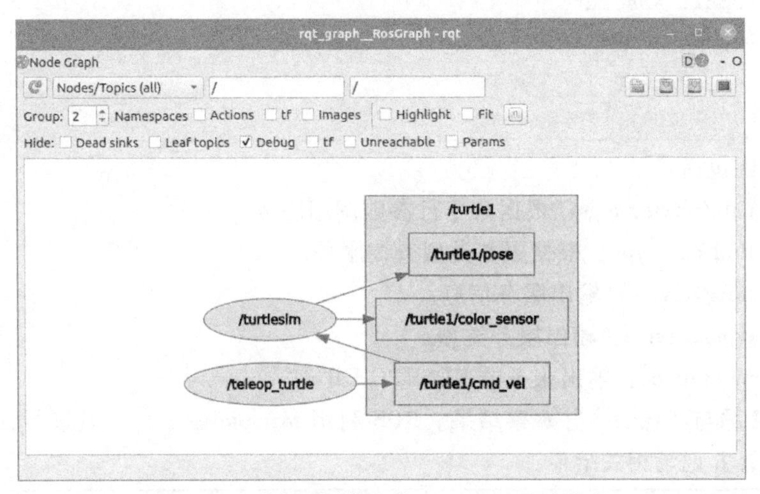

图 2-10　所有话题信息的 rqt_graph 显示形式

3）使用节点常见命令并观察结果：

```
$ rosnode list
```

返回：

```
/rosout
/teleop_turtle
/turtlesim
```

rosout 节点是一个特殊的节点，其作用类似于控制台程序中的标准输出。

其他命令还包括：

rosnode info NODE：输出当前节点信息。

rosnode kill NODE：结束当前运行节点进程或发送给定信号。

rosnode machine hostname：列出某一特定计算机上运行的节点。

rosnode ping NODE：测试节点间的连通性。

rosnode cleanup：将无法访问的节点的注册信息清除。

4）使用服务常见命令并观察结果：

```
$ rosservice list
```

返回：

```
/clear
/kill
/reset
/rosout/get_loggers
/rosout/set_logger_level
/spawn
/teleop_turtle/get_loggers
/teleop_turtle/set_logger_level
/turtle1/set_pen
/turtle1/teleport_absolute
/turtle1/teleport_relative
/turtlesim/get_loggers
/turtlesim/set_logger_level
```

其他命令还包括：

rosservice call/service args：根据命令行参数调用服务。

rosservice find msg-type：根据服务类型查询服务。

rosservice info/service：输出服务信息。

rosservice type/service：输出服务类型。

rosservice uri/service：输出服务的 ROSRPC URI。

5）使用话题与消息命令并观察结果。ROS 利用 rostopic 命令行工具进行话题相关操作，测试如下命令，并记录相关结果：

```
$ rostopic list
```

返回：

```
/rosout
/rosout_agg
/turtle1/cmd_vel
/turtle1/color_sensor
/turtle1/pose
```

其他命令还包括：

rostopic bw /topic：显示话题使用的带宽。

rostopic echo /topic：将消息输出到屏幕。

rostopic find message_type：按照类型查找话题。

rostopic hz /topic：显示话题的发布频率。

rostopic info /topic：输出话题类型、发布者、订阅者相关信息。

rostopic pub /topic type args：将数据直接从命令行向话题发布数据。

rostopic type /topic：输出主题中发布的消息类型。

一个节点通过向特定话题发布消息，从而将数据发送到一个节点。消息具有一定的类型和数据结构，包括 ROS 提供的标准类型和用户自定义类型。

比如，查看/turtle1/color_sensor 话题提供的消息类型：

```
rostopic info /turtle1/color_sensor
```

返回：

```
Type:turtlesim/Color
Publishers:
* /turtlesim (http://ubuntu:32939/)
Subscribers:None
```

第一行给出了该话题的消息类型。因此，可以说在/turtle1/color_sensor 话题中发布订阅的消息类型是 turtlesim/Color。那么这个消息类型到底是如何组织的呢？

```
rosmsg show turtlesim/Color
```

返回：

```
uint8 r
uint8 g
uint8 b
```

上述输出的含义是 turtlesim/Color 包含 3 个无符号 8 位整型变量 r、g 和 b。这些数字对应的是小海龟中心下面像素的红、绿、蓝强度值。消息需要测试的命令还包括：

rosmsg show：显示一条消息的字段。

rosmsg list：列出所有消息。

rosmsg package：列出功能包的所有消息。

rosmsg packages：列出所有具有该消息的功能包。

rosmsg users：搜索使用该消息类型的代码文件。

rosmsg md5：显示一条消息的 MD5 求和结果。

总结评价

1. 工作计划表

序号	工作内容	计划完成时间	完成情况自评	教师评价

2. 任务实施记录及改善意见

____

____

____

拓展练习

查看/turtle1/cmd_vel 话题的相关信息，比较与/turtle1/Color 话题信息的不同之处，理解 geometry_msgs/Twist 消息类型的组成形式。

任务 4　ROS 层级之开源社区认知

任务目标

任务名称	ROS 层级之开源社区认知
任务描述	掌握 ROS 开源社区级的定义，了解 ROS 软件源的概念
预习要点	1）ROS 开源社区级的概念 2）熟悉常用 ROS 开源社区资源
材料准备	PC（Ubuntu 系统或安装 Ubuntu 系统的虚拟机）
参考学时	1

预备知识

ROS 开源社区级中主要包括 ROS 资源，用户可通过网络共享以下软件和知识：

1）发行版（Distributions）：类似于 Linux 发行版，ROS 发行版包括一系列带有版本号、可以直接安装的功能包，这使得 ROS 的软件管理和安装更加容易，而且可以通过软件集合来维持统一的版本号。

2）软件源（Repository）：ROS 依赖于共享网络上的开源代码，不同的组织结构可以开发或者共享自己的机器人软件。

3）ROS wiki：记录 ROS 信息文档的主要论坛。所有人都可以注册、登录该论坛，并且可以上传自己的开发文档、进行更新以及编写教程。

4）邮件列表（Mailing List）：ROS 邮件列表是交流 ROS 更新的主要渠道，同时也可以交流 ROS 开发的各种疑问。

5）ROS Answers：ROS Answers 是一个咨询 ROS 相关问题的网站，用户可以在该网站提交自己的问题，并得到其他开发者的问答。

6）博客（Blog）：发布 ROS 社区中的新闻、图片或视频（http：//www. ros. org/news）。

任务实践

这里将介绍 ROS 开源社区相关资源。

1. ROS 发行版

访问如下网址：

```
http://wiki.ros.org/Distributions
```

开发 ROS 发行版的目的是让开发人员在一个相对稳定的代码库上工作。读者可以从中了解 ROS 各发行版的发展历程，了解 ROS 的不同发行版本的注意事项，了解 ROS 1 和 ROS 2 的区别。

2. ROS 软件源

在安装 ROS 的一些软件时，有时候总是不成功，或者提示没有软件包。这种情况有可能是因为默认的软件源服务器在国外，或者没有加载相应的 ROS 软件源导致的。

添加源的一种方法是：

```
sudo gedit /etc/apt/source.list
```

在该文件中添加所需要的软件源，这样，一般情况下，执行软件更新和安装时的速度就会快一些。

另一种方法是通过 GUI 界面进行。如图 2-11 所示，在系统设置的“软件和更新”界面中的“下载自”选项中选择其他站点。

图 2-11 “软件和更新”界面

如图 2-12 所示，在中国区域站点里面可以选择国内的阿里云、网易或清华源等。如果不清楚哪个站点最优，也可以单击“选择最佳服务器”按钮，等待系统测试后自动选择，从而完成软件源配置。

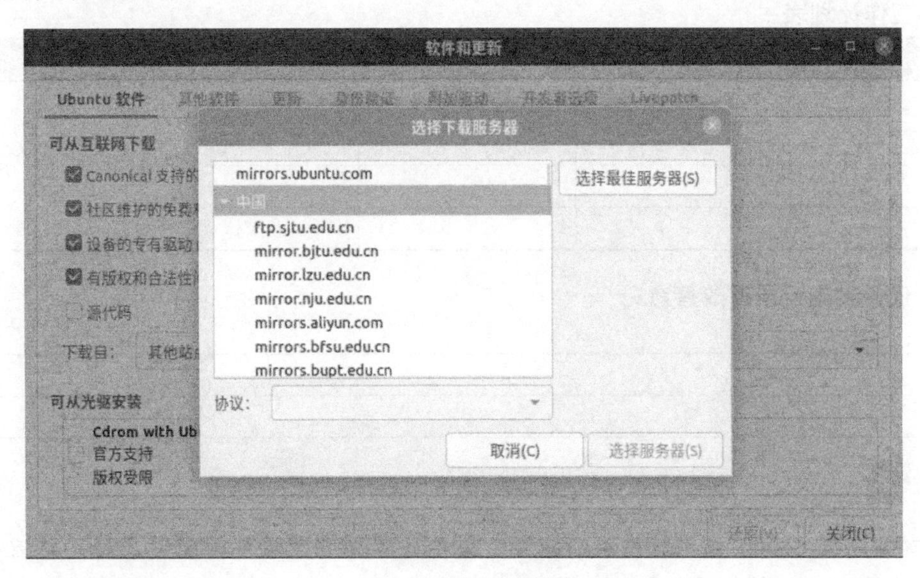

图 2-12 选择国内源

3. ROS wiki

ROS wiki 网站提供了与 ROS 相关的很多教程，从软件的安装到支持的硬件机器人型号，再到一些开放课程等都有所涉及，如图 2-13 所示。

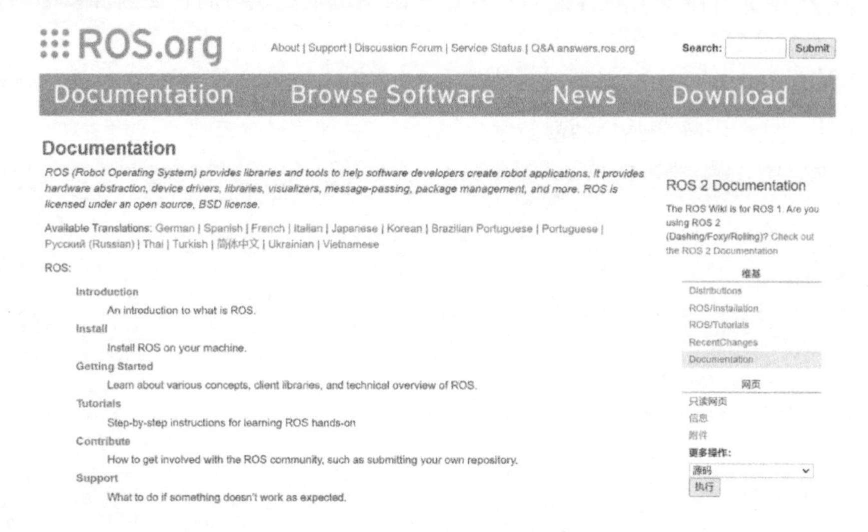

图 2-13　ROS wiki 网页界面

4. ROS Answers

ROS 社区的问答网址为 http：//answers. ros. org。在用户注册登录之后，可以进行 ROS 相关问题的提问咨询，也可以订阅某个感兴趣的标签问题。网站页面是英文界面。

目前国内的民间 ROS 社区也在逐渐兴起，如古月居（guyuehome. com）、创客智造（nc-nynl. com）等。

总结评价

1. 工作计划表

序号	工作内容	计划完成时间	完成情况自评	教师评价

2. 任务实施记录及改善意见

____

____

____

拓展练习

选择并完成 Ubuntu 国内软件源的配置，在 GUI 界面完成软件源配置之后，总结对应系统中的 source. list 文件有无变化。

项目 3
实现 ROS 节点通信

项目简介

在了解了 ROS 中的一些重要基本概念以后，需要继续学习 ROS 的通信机制。在大多数的 ROS 开发场景中，通信进程是控制系统功能实现的关键。例如，机器人上集成的各种传感器，如雷达、GPS 和摄像头等，可能分布于不同的主机，但需要互相传递信息，以实现对机器人的控制。ROS 是一个分布式框架，它的通信机制也是分布式的通信机制。ROS 的通信可以使分布于不同主机中的独立的节点（进程）协同工作，实现相应的功能。那么不同的进程之间是如何进行数据交换的呢？本项目主要介绍 3 种通信方式，分别是话题通信（发布/订阅模式）、服务通信（请求/响应模式）和参数服务器通信（参数共享模式），通过系列案例让读者对 ROS 的通信机制有更深入的理解。

教学目标

1. 知识目标

1）熟悉 ROS 的话题、服务和参数服务器 3 种通信的应用场合。

2）了解 ROS 的话题、服务和参数服务器 3 种通信机制。

3）掌握 3 种通信方式实现的基本操作步骤。

4）理解话题、服务和参数服务器 3 种通信的相关程序代码。

2. 能力目标

1）能够编写话题、服务和参数服务器 3 种通信相关程序代码。

2）能够实现话题、服务和参数服务器 3 种通信方式。

3）能够根据不同的需求选择合适的通信方式开发简单的功能。

3. 素养目标

1）养成协作、互助、共赢的现代职业人工作精神和良好的沟通能力。

2）掌握信息收集与文档整理的方法，具备良好的编程规范习惯。

3）掌握科学的学习方法，具有发现问题、分析问题、解决问题的能力和自主学习能力。

4）养成敢于试错、勇于创新的学习态度。

任务进阶

任务 1　话题通信机制认知

任务 2　服务通信机制认知
任务 3　参数服务器通信机制认知

任务 1　话题通信机制认知

任务目标

任务名称	话题通信机制认知
任务描述	利用小海龟程序初步理解发布者和订阅者、话题的概念，并修改其中的参数，实现小海龟圆周运动；从构建工作空间开始，分别创建一个发布者节点以及订阅者节点来实现话题通信；利用话题通信发送自定义类型的数据
预习要点	1）话题、节点和节点管理器的概念 2）话题通信的原理和特点
材料准备	PC（Ubuntu 系统或安装 Ubuntu 系统的虚拟机）
参考学时	6

预备知识

ROS 的核心功能是提供一种软件点对点的通信机制，开发人员可以利用这个机制灵活且高效地组织智能机器人的软件实现。ROS 会将计算执行进程看作一个节点，这些节点可以驻留在多个不同的主机上，并且在运行的过程中通过点对点的拓扑结构实现通信。节点需要使用节点管理器进行统一管理，节点间的数据流在 ROS 中被称为消息，模块间的消息传递采用简单的、与语言无关的接口定义描述，这就是 ROS 特殊的松耦合网络的消息传递机制。

基于话题的异步数据流通信是 ROS 中最主要的通信方式，它实现了节点间多对多的连接，并且采用单向数据流传送数据。当一个节点发送数据时，即该节点正在向话题发送消息。话题不需要节点之间直接连接，当节点需要与其他节点进行通信时，只需要在自己关心的话题上发布或者订阅消息即可，完全无须知晓对方是否存在，因此话题可以关联任意的发布者和订阅者，实现了发布者和订阅者之间的解耦。

现在用图 3-1 来描述发布者、订阅者和话题之间的关系。一个话题可以有很多个节点发布者和订阅者，同时一个节点可以发布或订阅多个话题，并且可以随时创建发布者和订阅者。但是每个发布者只能向一个话题发布消息，节点之间交换的数据是单向数据流，订阅者不需要反馈给发布者是否收到消息。

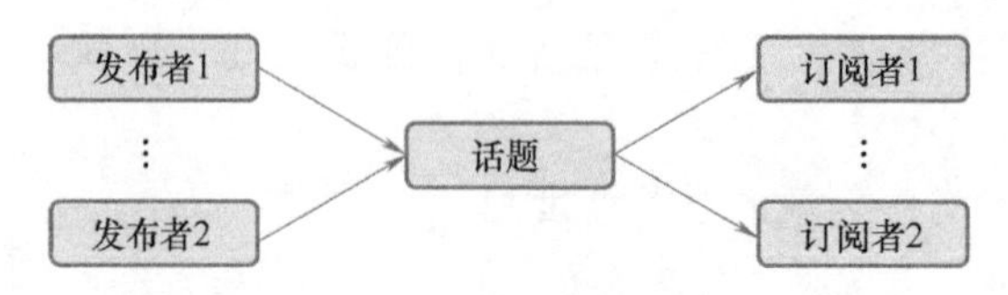

图 3-1　发布者、订阅者和话题之间的关系

在这种通信模式里，一个系统必须包含一个节点管理器 Master。Master 类似于一个管理

员，每当有一个新的发布者或者订阅者产生时，必须要在 Master 上注册信息。当发布者在 Master 上注册时，Master 会保存发布者的统一资源标识符（URI）和发布者发布的话题；当有新的订阅者在注册时，Master 会根据订阅者订阅的话题，在保存的信息中寻找与话题匹配的发布者，并将这些发布者的 URI 发送给订阅者。订阅者会根据发布者的 URI 与这些发布者建立一对多的连接，从而接收从订阅主题上发布的消息。

话题通信适用于不断更新的、与数据传输相关的应用场景。当描述一个应用场景时，一般通用机器人会搭载相机来采集图像数据，获取相机图像并处理，同时用户需要在计算机上实时看到图像。要完成这个功能，就涉及不同设备中的 3 个节点，分别是摄像头节点、图像处理节点和图像显示节点，如图 3-2 所示。摄像头节点会在注册器上注册发布者相关信息并发布一个/image_data（图像数据）的话题，图像处理节点和图像显示节点会在节点注册器上注册它们的信息并声明它们订阅了这个话题。节点注册器去注册列表里查找摄像头节点的地址信息等发送给另外两个订阅节点，在它们相互建立连接后，摄像头节点接收到摄像头的图像后会立即送到机器人的图像处理节点和计算机中的图像显示节点中。注意：此时的图像处理节点和图像显示节点只是被动地接收数据。在类似于上述摄像头、雷达和 GPS 等需要不断更新的传输场景中，话题通信应用非常广泛。

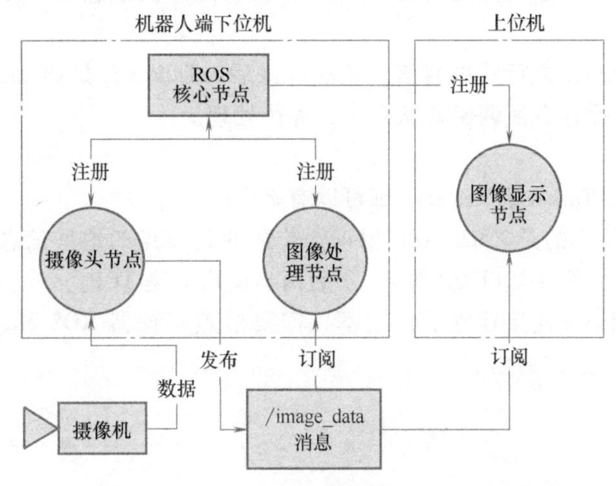

图 3-2　节点话题通信示意

在 ROS 中，话题通信模型的实现流程已经封装好了，使用时直接调用即可，但是用户仍然需要了解通信的基本原理。接下来详细介绍话题通信的步骤。如图 3-3 所示，假定一个发布者节点为 Talker，订阅者节点为 Listener，这两个节点分别发布、订阅同一个话题，对启动顺序没有强制要求，这里假设 Talker 先启动，分为以下 7 个步骤：

1）Talker 注册。Talker 节点启动，通过 XML/RPC 在 ROS Master 上进行注册。注册信息包含发布消息的话题名。注册成功后，ROS Master 会将节点注册信息加入注册列表中。

2）Listener 注册。Listener 节点启动，通过 XML/RPC 在 ROS Master 上进行注册。注册信息包含需要订阅的话题名。注册成功后，ROS Master 会将节点注册信息加入注册列表中。

3）ROS Master 进行信息匹配。ROS Master 根据 Listener 的订阅信息从注册列表中进行查找，如果找到匹配的发布者信息，则通过 XML/RPC 向 Listener 发送 Talker 的注册信息。

4）Listener 发送连接请求。Listener 接收到 ROS Master 发送过来的 Talker 的注册信息，

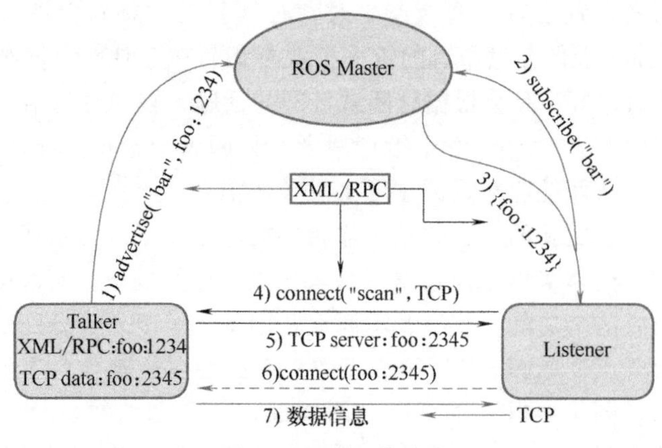

图 3-3　话题通信步骤

通过 XML/RPC 向 Talker 发送连接请求，传输订阅的话题名称、消息类型以及通信协议。

5）Talker 确认连接请求。Talker 接收到 Listener 发送的连接请求后，通过 XML/PRC 向 Listener 确认连接信息。

6）Listener 与 Talker 建立网络连接。Listener 接收到确认信息后，使用 TCP 与 Talker 建立网络连接。

7）Talker 与 Listener 进行数据通信。建立连接后，Talker 开始向 Listener 发送话题消息数据，接收到的消息保存在回调函数队列中，等待处理。

注意：

1）上述流程中，Talker 和 Listener 都可以有多个。

2）前 5 个步骤使用的是 XML/RPC 协议，传送的是节点的地址信息（包括订阅的话题名、消息类型和通信协议 TCP/UDP 等），最后两步使用的是 TCP。

3）Talker 与 Listener 连接建立后，就不再需要节点管理器 ROS Master。关闭节点管理器，Talker 与 Listener 照常通信。

任务实施

实践 1：初始话题通信机制

1）利用节点关系图观察话题，打开一个终端，运行小海龟仿真程序。

2）运行关系图命令：

```
$ rosrun rqt_graph rqt_graph
```

可看到图 3-4 所示的界面：

利用这个命令可以查看到该系统中的 teleop_turtle 节点创建了一个发布者 Publisher，用于发布键盘控制速度指令；turtlesim 节点创建了一个订阅者 Subscriber，用于订阅速度指令。这里的话题是/turtle1/cmd_vel，如果将鼠标指针放在/turtle1/cmd_vel 上方，则相应的 ROS 节点（蓝色和绿色）和话题（红色）就会高亮显示。如图 3-5 所示，turtlesim 和 teleop_turtle 节点正通过一个名为/turtle1/cmd_vel 的话题来互相通信，实现小海龟在界面上的运动。

3）利用以下命令可以查看小海龟例程中的话题清单：

```
$ rostopic list
```

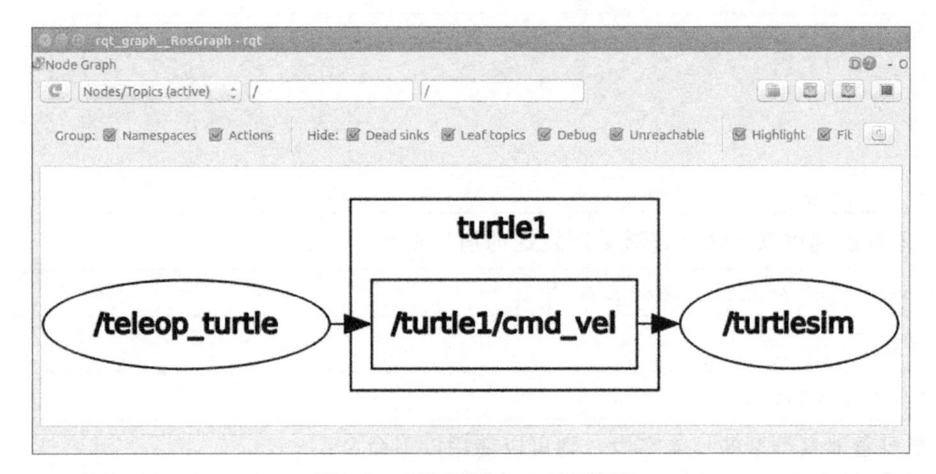

图 3-4　小海龟的 rqt_graph 界面

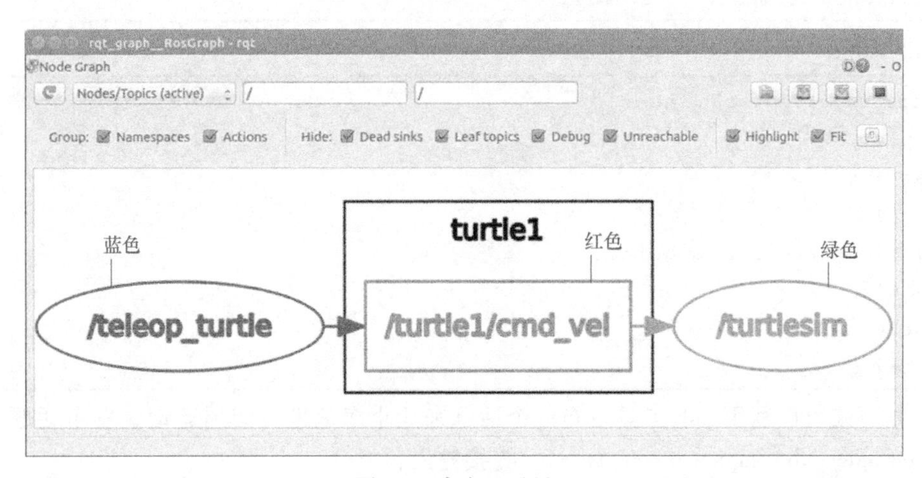

图 3-5　高亮显示界面

输出如下：

```
/rosout
/rosout_agg
/turtle1/cmd_vel
/turtle1/color_sensor
/turtle1/pose
```

4）可以使用 echo 参数，通过键盘控制来移动小海龟，此时可以看到节点发送了哪些数据。

```
$ rostopic type /turtle1/cmd_vel
```

注意：只有在 $ rosrun turtlesim turtle_teleop_key 这个窗口下的键盘消息才能生效，输出结果为：

```
linear:
  x:-2.0
  y:0.0
```

```
  z:0.0
angular:
  x:0.0
  y:0.0
  z:0.0
```

5）还可以利用以下命令查看话题发送的消息类型：

```
$ rostopic type /turtle1/cmd_vel
```

输出如下：

```
geometry_msgs/Twist
```

如果要看消息类型的具体字段，则可以使用以下命令：

```
$ rosmsg show geometry_msgs/Twist
```

输出如下：

```
geometry_msgs/Vector3 linear
  float64 x
  float64 y
  float64 z
geometry_msgs/Vector3 angular
  float64 x
  float64 y
  float64 z
```

6）接下来可以利用 pub 工具发布一个话题来让小海龟进行圆周运动，发布话题的命令格式为 rostopic pub [topic] [msg_type]。直接输入：

```
$ rostopic pub -1 /turtle1/cmd_vel geometry_msgs/Twist --'[2.0,0.0,0.0]' '[0.0,0.0,
1.8]'
```

这条命令的意思是在/turtle1/cmd_vel 上发布一个消息给 turtlesim，告诉小海龟以 2.0m/s 的线速度和 1.8rad/s 的角速度移动。

上述命令只能让小海龟短暂移动，这是因为小海龟需要一个稳定的频率命令流来保持移动状态。因此继续给出如下命令：

```
$ rostopic pub /turtle1/cmd_vel geometry_msgs/Twist -r 1 --'[2.0,0.0,0.0]' '[0.0,0.0,
-1.8]'
```

这条命令以 1Hz 的频率发布速度命令到速度话题上。发布完成后来看小海龟的移动轨迹，如图 3-6 所示。

实践 2：编写发布者和订阅者

在实践 1 中简单地对已有的节点和话题进行了修改。在本实践中，会从最开始的工作空间开始构建，创建功能包、一个发布者节点以及订阅者节点来实现话题通信，通过指定话题发布特定数据类型的消息，这里将实现发布者发布“hello，world”信息，订阅者接收到发布者发布的信息后，回应“I heard hello world”的效果。

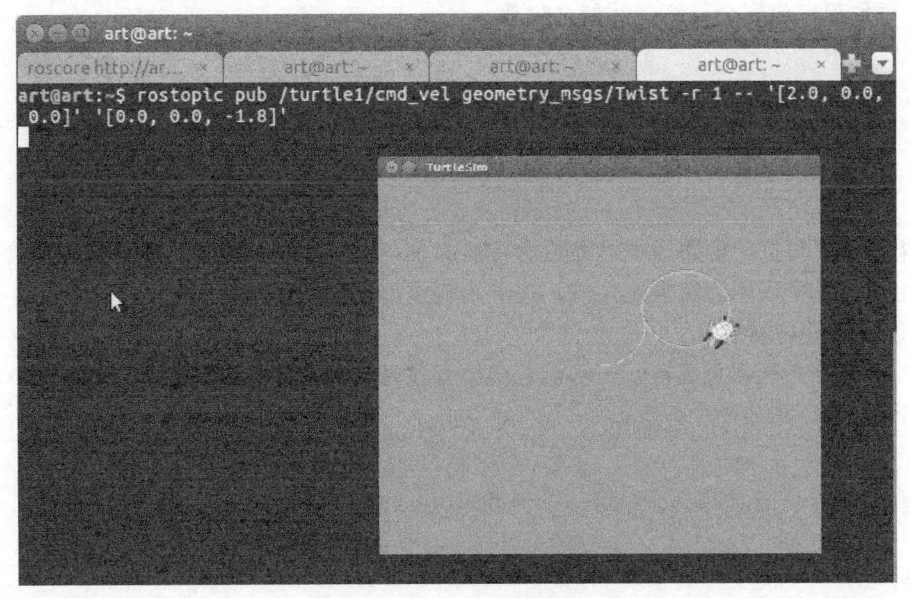

图 3-6　小海龟的移动轨迹

这里需要建立一个名字为 string_publisher 的发布者，通过发布一个话题 chatter 来发送一个 String 类型的消息，同时需要建立一个 string_subscriber 的订阅者，该订阅者也订阅这个话题 chatter，从而收到发布者发布的 string 消息。具体发布/订阅流程如图 3-7 所示。

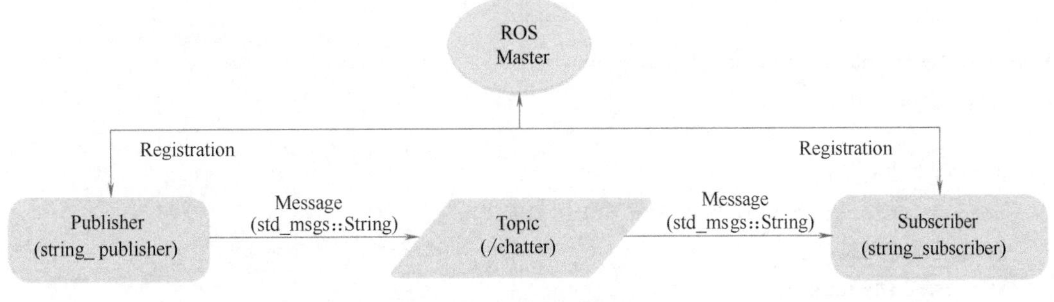

图 3-7　发布/订阅流程

1. 创建工作空间

1）工作空间就是一个包含功能包、可编辑源文件或编译包的文件夹。创建工作空间的命令如下，如果已经建立好可以跳过这个步骤。

```
$ mkdir -p ~/catkin_ws/src          #新建 catkin_ws/src 目录
$ cd ~/catkin_ws/src                #进入工作空间
$ catkin_init_workspace             #初始化工作空间,产生一个 CMakeLists.txt 的文件
```

2）创建完工作空间文件夹后，里面并没有文件夹，只有 CMakeLists. txt。下一步是在工作空间根目录下编译整个工作空间。

```
$ cd ~/catkin_ws                    #进入 catkin_ws 路径下
$ catkin_make                       #编译工作空间
```

3）添加程序包到全局路径并使之生效。

```
$ echo "source ~/catkin_ws/devel/setup.bash" >> ~/.bashrc        #配置全局路径
$ source ~/.bashrc                                                #使之生效
```

4）完成以上步骤后，需要检查环境变量是否生效，在命令行中执行如下命令：

```
$ echo $ ROS_PACKAGE_PATH
```

如果命令串口打印的路径中已经包含 catkin_ws 工作空间的路径，则标识环境变量配置成功。至此，工作环境已经搭建完成，接下来就可以创建软件功能包了。

2. 创建软件功能包

ROS 将每个功能都集成在一个功能包内，方便复用和共享。创建名称 learning_communication 的软件包，创建命令如下：

```
$ cd ~/catkin_ws/src/              #进入工作空间下的 src 目录
$ catkin_create_pkg learning_communication rospy roscpp
$ cd ~/catkin_ws                   #进入 catkin_ws 工作空间路径下
$ catkin_ make                     #编译软件包
```

3. 编写发布者节点代码

在~/catkin_ws/src/learning_communication/src 工作空间的软件包目录下创建 tring_publisher.cpp 可执行 C++脚本，编写发布者代码。

```
#include <sstream>
#include "ros/ros.h"
#include "std_msgs/String.h"
int main(int argc, char * * argv)
{
    // ROS 节点初始化
    ros::init(argc, argv, "string_publisher");
    // 创建节点句柄
    ros::NodeHandle n;
    // 创建一个 Publisher,发布名为 chatter 的话题,消息类型为 std_msgs::String
    ros::Publisher chatter_pub = n.advertise<std_msgs::String>("chatter", 1000);
    // 设置循环的频率
    ros::Rate loop_rate(10);
    int count = 0;
    while (ros::ok())
{
    // 初始化 std_msgs::String 类型的消息
    std_msgs::String msg;
    std::stringstream ss;
    ss << "hello world " << count;
    msg.data = ss.str();
```

```
    // 发布消息
    chatter_pub.publish(msg);
    ROS_INFO("%s", msg.data.c_str());
    // 按照循环频率延时
    loop_rate.sleep();
    ++count;
  }
  return 0;
}
```

下面简要介绍代码的含义。

（1）头文件部分

```
#include <sstream>
#include "ros/ros.h"
#include "std_msgs/String.h"
```

为了避免包含复杂的 ROS 功能包头文件，ros/ros.h 包含了大部分 ROS 中通用的头文件。因为节点要发布的“hello，word”是 String 类型的消息，所以需要先包含该消息类型的头文件 sstream。该头文件根据 String.msg 的消息结构定义自动生成。

（2）初始化部分

```
$ ros::init (argc, argv, "string_publisher ");
```

初始化 ROS 节点，Publisher 节点的名称在运行的 ROS 中必须是独一无二的，不允许同时存在相同名称的两个节点。

```
ros:: NodeHandle n;
```

创建一个节点句柄，方便对节点资源的使用和管理。

```
$ rog: :Publisher chatter_pub = n.advertise<std_msgs: :String>("chatter" , 1000);
```

这一句是创建发布者的核心代码，表示在 ROS Master 端注册一个 Publisher。其中<std_msgs::String>表示发布者发布的消息类型为 String，chatter 为话题名，1000 表示消息缓冲区的大小。当发布消息的实际速度较慢时，Publisher 会将消息存储在一定空间的队列中；如果消息数量超过队列大小，则 ROS 会自动删除队列中最早入队的消息。

```
$ ROS::Rate loop_rate(10);
```

该代码用于设置循环的频率，单位是 Hz，这里设置的是 10Hz。当调用 Rater:sleep()时，ROS 节点会根据此处设置的频率休眠相应的时间，以保证循环维持一致的时间周期。

（3）循环部分

```
Int count=0:
while (ros::0k())
```

进入节点的主循环，在节点未发生异常的情况下会一直在循环中运行。一旦发生异常，ros::0k() 就会返回 false，跳出循环。

```
std_msgs::String msg;
```

```
std::stringstream ss;
ss<<"hello world"<<count;
msg.data=ss.str();
```

以上代码用于初始化即将发布的消息。ROS 中定义了很多通用的消息类型，这里使用了最为简单的 String 消息类型。该消息类型只有一个成员，即 data，用来存储字符串数据。

```
chatter_pub.publish(msg);
```

该代码表示发布封装完毕的消息 msg。消息发布后，Master 会查找订阅该话题的节点，并且帮助两个节点建立连接，完成消息的传输。

```
ROS_INFO("% s", msg.data.c_str());
```

ROS_INFO 类似于 C/C++中的 printf/cout 函数，用来打印日志信息。这里将发布的数据在本地打印，以确保发出的数据符合要求。

```
loop_rate.sleep ();
++count
```

现在，发布者一个周期的工作已经完成，可以让节点休息一段时间，调用休眠函数，节点进入休限状态。当然，节点休眠 100ms 后又会开始下一个周期的工作，因为设置了 10Hz 的休眠时间。

以上详细讲解了发布者 Publisher 节点的实现过程，总结这个流程如下：

1）初始化 ROS 节点。

2）向 ROS Master 注册节点信息，包括发布的话题名和话题中的消息类型。

3）创建消息数据。

4）按照一定频率循环发布消息。

4. 编写订阅者 Subscriber 节点代码

接下来创建一个订阅者 Subscriber，在 ~/catkin_ws/src/learning_communication 工作空间的软件包目录下创建 string_subscriber.cpp 可执行 C++脚本，编写订阅者代码。

```
#include "ros/ros.h"
#include "std_msgs/String.h"

// 接收到订阅的消息后,会进入消息回调函数
void chatterCallback(const std_msgs::String::ConstPtr& msg)
{
    // 将接收到的消息打印出来
    ROS_INFO("I heard: [%s]", msg->data.c_str());
}
int main(int argc, char ** argv)
{
    // 初始化 ROS 节点
    ros::init(argc, argv, "string_subscriber");
    // 创建节点句柄
    ros::NodeHandle n;
```

```
    // 创建一个 Subscriber,订阅名为 chatter 的话题,注册回调函数 chatterCallback
    ros::Subscriber sub = n.subscribe("chatter", 1000, chatterCallback);
    // 循环等待回调函数
    ros::spin();
    return 0;
}
```

下面剖析以上代码中订阅者 Subscriber 节点的实现过程，头文件部分可以参看发布者代码解析。

（1）回调函数部分

```
void chatterCallback(const std_msgs::String::ConstPtr& msg)
{
ROS_INFO("I heard: [%s]", msg->data.c_str());        //将接收到的消息打印出来
}
```

回调函数是订阅节点接收消息的基础机制，当有消息到达时会自动将消息指针作为参数，再调用回调函数，完成对消息内容的处理。在这个回调函数里，如果接收到 Publisher 发布的 String 消息，就会在这个接收的消息前加上字符串“I heard:”，并将消息数据打印出来。

（2）主函数部分　在主函数中，ROS 节点初始化部分的代码与 Publisher 的相同，这里不再赘述。

```
ros::Subscriber sub=n.subscribe("chatter",1000,chattercallback);
```

订阅节点首先需要声明自己订阅的消息话题，该信息会在 ROS Master 中注册。ROS Master 会关注系统中是否存在发布该话题的节点，如果存在则会帮助两个节点建立连接，完成数据传输。NodeHandle::subscribe() 用来创建一个 Subscriber。第一个参数为消息话题；第二个参数表示接收消息队列的大小，和发布节点的队列相似，当消息队列数量超过设置的队列大小时，会自动舍弃时间最早的消息；第三个参数是接收到话题消息后的回调函数，因为订阅者不知道数据到达的时间，因此需要查询消息，当有消息到达时就进入回调函数中进行处理。

```
ros::spin();
```

接着节点进入循环状态，当有消息到达时，会尽快调用回调函数完成处理。ros::spin() 在 ros:ok() 返回 false 时退出。

根据以上订阅节点的代码实现，总结实现 Subscriber 的简要流程如下：

1）初始化 ROS 节点。

2）订阅需要的话题。

3）循环等待话题消息，接收到消息后进入回调函数。

4）在回调函数中完成消息处理。

5. 编译功能包

节点的代码已经编写完成后，接下来需配置编译规则。ROS 中使用的编译器是 CMake。编译规则通过功能包中的 CMakeLists.txt 文件设置，用 catkin 命令创建的功能包中会自动生

成该文件，已经配置多数编译选项，并且包含详细注释，用户几乎不用查看相关的说明手册。在本项目中，稍作修改就可以编译自己的代码了。打开功能包中的 CMakeLists. txt 文件，添加以下代码：

```
add_executable(string_publisher src/string_publisher.cpp)
target_link_libraries(string_publisher ${catkin_LIBRARIES})
add_executable(string_subscriber src/string_subscriber.cpp)
target_link_libraries(string_subscriber ${catkin_LIBRARIES})
```

1）add_executable 用于设置需要编译的代码和添加可执行文件。其中，第一个参数为期望生成的可执行文件的名称，第二个参数为参与编译的源码文件（cpp），如果需要多个代码文件，则可在后面一次列出，中间使用空格进行分隔。

2）在编译时需要链接一些库文件，可以使用 target_link_libraries。其中，第一个参数是可执行文件的名称，后面可依次列出需要链接的库。此处编译的 Publisher 和 Subscriber 没有使用其他库，添加默认链接库即可。

需要确保在工作空间的根目录下运行 catkin_make 指令才可以编译，否则会找不到文件。接下来运行以下代码进行编译：

```
$ cd ~/catkin_ws
$ catkin_make
```

编译完成后，可以看到 catkin_ws/devel/lib/learning_communication 中有这两个名字的可执行文件。

6. 运行节点代码

编译完成后就可以运行 Publisher 和 Subscriber 节点了。在运行节点之前，首先需要确保 ROS Master 已经成功启动：

```
roscore
```

1）启动 Publisher。Publisher 和 Subscriber 节点的启动顺序在 ROS 中没有要求，这里先使用 Rosrun 命令启动 Publisher：

```
rosrun learning_communication string_publisher
```

如果 Publisher 节点运行正常，那么终端会出现日志信息，如图 3-8 所示。

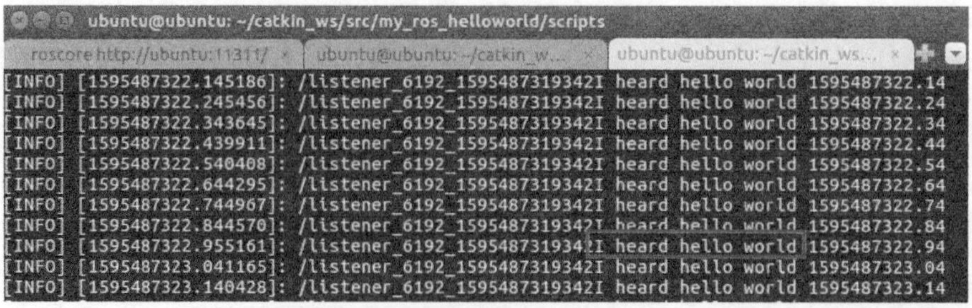

```
[INFO] [1595487322.145186]: /listener_6192_1595487319342I heard hello world 1595487322.14
[INFO] [1595487322.245456]: /listener_6192_1595487319342I heard hello world 1595487322.24
[INFO] [1595487322.343645]: /listener_6192_1595487319342I heard hello world 1595487322.34
[INFO] [1595487322.439911]: /listener_6192_1595487319342I heard hello world 1595487322.44
[INFO] [1595487322.540408]: /listener_6192_1595487319342I heard hello world 1595487322.54
[INFO] [1595487322.644295]: /listener_6192_1595487319342I heard hello world 1595487322.64
[INFO] [1595487322.744967]: /listener_6192_1595487319342I heard hello world 1595487322.74
[INFO] [1595487322.844570]: /listener_6192_1595487319342I heard hello world 1595487322.84
[INFO] [1595487322.955161]: /listener_6192_1595487319342I heard hello world 1595487322.94
[INFO] [1595487323.041165]: /listener_6192_1595487319342I heard hello world 1595487323.04
[INFO] [1595487323.140428]: /listener_6192_1595487319342I heard hello world 1595487323.14
```

图 3-8　发布者运行结果

2）启动 Subscriber。接下来运行 Subscribe 节点，订阅 Publisher 发布的消息：

```
rosrun learning_communication string_subscribe
```

如果消息订阅成功，就会在终端上显示接收到的消息内容，如图 3-9 所示。

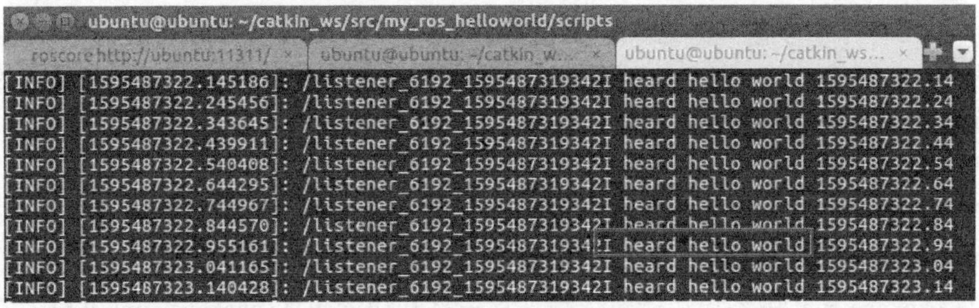

```
ubuntu@ubuntu: ~/catkin_ws/src/my_ros_helloworld/scripts
roscore http://ubuntu:11311/ ×   ubuntu@ubuntu: ~/catkin_w... ×   ubuntu@ubuntu: ~/catkin_ws... ×
[INFO] [1595487322.145186]: /listener_6192_1595487319342I heard hello world 1595487322.14
[INFO] [1595487322.245456]: /listener_6192_1595487319342I heard hello world 1595487322.24
[INFO] [1595487322.343645]: /listener_6192_1595487319342I heard hello world 1595487322.34
[INFO] [1595487322.439911]: /listener_6192_1595487319342I heard hello world 1595487322.44
[INFO] [1595487322.540408]: /listener_6192_1595487319342I heard hello world 1595487322.54
[INFO] [1595487322.644295]: /listener_6192_1595487319342I heard hello world 1595487322.64
[INFO] [1595487322.744967]: /listener_6192_1595487319342I heard hello world 1595487322.74
[INFO] [1595487322.844570]: /listener_6192_1595487319342I heard hello world 1595487322.84
[INFO] [1595487322.955161]: /listener_6192_1595487319342I heard hello world 1595487322.94
[INFO] [1595487323.041165]: /listener_6192_1595487319342I heard hello world 1595487323.04
[INFO] [1595487323.140428]: /listener_6192_1595487319342I heard hello world 1595487323.14
```

图 3-9　订阅者运行结果

这个“hello world”例程中的 Publisher 与 Subscriber 就这样运行起来了。用户也可以调换两者的运行顺序，先启动 Subscriber，该节点会处于循环等待状态，直到 Publisher 启动后，终端中才会显示订阅收到的消息内容。

实践 3：自定义话题消息类型

在实践 2 的话题里用到的消息类型是 ROS 定义好的标准 String 类型。ROS 的元功能包 cormon_msgs 中有许多不同消息类型的功能包，如 std msgs（标准数据类型）、gcometry mses（几何学数据类型）及 sensor mses（传感器数据类型）等。这些功能包中提供了大量常用的消息类型，可以满足一般场景下的常用消息。但是在很多情况下，用户依然需要针对自己的机器人应用设计特定的消息类型，ROS 也提供了一套与语言无关的消息类型定义方法。该实践希望传输的消息是自定义的个人信息，个人信息里包含了姓名、性别和年龄等。这里希望通过 person_publisher 发布者节点发布 person_info 话题。在这个话题里，消息结构就是自定义消息 person，通过订阅者节点 person_subscriber 订阅话题传递自定义消息。

1. 生成自定义消息文件

msg 文件就是 ROS 中定义消息类型的文件，一般放置在功能包根目录下的 msg 文件夹中。在功能包编泽过程中，可以使用 msg 文件生成不同编程语言使用的代码文件。首先在功能包 learning_communication 下新建一个 msg 的文件夹，这里利用 catkin_make 指令建立 msg 文件夹，并在文件夹内创建了一个 PersonMsg. msg 的文件（learning_communication/msg/PersonMsg. msg）。

```
$ catkin_make msg
$ cd ~ catkin_ws/learning_communication/msg
$ touch PersonMsg.msg
```

打开这个文件，写入以下代码：

```
String name
Unit8 sex
Unit8 age

Unit8 unknow = 0
```

```
Unit8 male = 1
Unit8 female =2
```

在 msg 文件中定义个人信息的消息类型：字符串类型的姓名 name、8 位无符号的性别 sex 以及 8 位无符号的年龄 age 这 3 个消息类型。其中，性别包含男和女，可以定义“unknow”为 0，“male”为 1，“female”为 2，用数字来表征性别种类。这些常量在发布或订阅消息数据时可以直接使用。

2. 配置编译规则

为了使用这个自定义的消息类型，还需要编译 msg 文件。msg 文件的编译需要在 package 和 CMakeLists 里进行配置。

1）在 package. xml 中添加功能包依赖。首先打开功能包的 package. xml 文件，在文件中添加以下编译和运行的相关依赖：

```
<build_depend>message_generation</build_depend>
<exec_depend>message_runtime</exec_depend>
```

这两个分别是运行时需要的依赖：第一个是编译依赖，依赖一个动态产生 message（message_generation）的功能包；第二个是运行依赖，依赖一个动态运行的功能包。

2）在 CMakeLists. txt 中添加编译选项并编译。打开功能包的 CMakeLists. txt 文件，找到 find_package，在其中添加消息生成依赖的功能包 message_generation（添加在最后），这样在编译时才能找到所需要的文件。

```
find_package(catkin REQUIRED COMPONENTS
  roscpp     //添加 C++功能包
  rospy     //添加 Python 功能包
  std_msgs     //添加标准定义功能包
  message_generation     //添加动态生成消息的功能包
)
```

在代码中找到以下代码：

```
## Generate added messages and services with any dependencies listed here
```

在这条代码下添加以下代码：

```
add_message_files(
  FILES
  PersonMsg.msg
)
generate_messages(
  DEPENDENCIES
  std_msgs
)
```

add_message_files 的意思是把 PersonMsg. msg 编译成相应的头文件，generate_messages 的意思是在编译的过程中依赖 ROS 的标准库去定义数据类型。这两个过程类似于通过查字典把编写的自定义消息进行翻译。

最后需要配置 catkin_package。在文件中找到以下代码，在 CATKIN_DEPENDS 的后面加上 message_runtime，这样就可以在编译时动态地依赖这个功能包：

```
catkin_package(
...
    CATKIN_DEPENDS roscpp rospy std_msgs message_runtime
...)
```

以上配置工作都完成后，即可回到工作空间的根目录下，使用 catkin_make 命令进行编译了。

可以使用如下命令查看自定义的 PersonMsg 消息类型：

```
$ rosmsgshowPersonMsg
```

3. 创建发布者 Publisher

这里创建 person_publisher 发布者来发布一个 person_info 话题。在~/catkin_ws/src/learning_communication/src 路径下创建 person_subscriber. cpp 可执行 C++脚本。

```
#include <ros/ros.h>
#include "learning_communication/PersonMsg.h"     //创建的头文件

int main(int argc, char ** argv)
{
    ros::init(argc, argv, "person_publisher");     // ROS 节点初始化
    ros::NodeHandle n;     // 创建节点句柄
// 创建 Publisher,发布名为 person_info 的话题,消息类型为 learning_communication::PersonMsg,队列长度 10
    ros::Publisher person_info_pub = n.advertise<learning_communication::PersonMsg>("/person_info", 10);

    ros::Rate loop_rate(1);     // 设置循环的频率

    int count = 0;
    while (ros::ok())
    {
        // 初始化 learning_communication::Person 类型的消息
    learning_communication::PersonMsg person_msg;
        person_msg.name = "Tom";
        person_msg.age  = 18;
        person_msg.sex  = learning_communication::PersonMsg::male;

        // 发布消息
        person_info_pub.publish(person_msg);

        ROS_INFO("Publish Person Info: name:%s  age:%d  sex:%d", person_msg.name.c_str(), person_msg.age, person_msg.sex);
```

```
        // 按照循环频率延时
        loop_rate.sleep();
    }
    return 0;
}
ros::Publisher person_info_pub = n.advertise<learning_communication::PersonMsg>
("/person_info", 10);
```

下面对上述代码中的关键信息进行剖析。

```
#include "learning_communication/PersonMsg.h"
```

在这段代码的头文件部分需要加入在“2. 配置编译规则”中创建的头文件，才可以发布后面自定义的消息。

```
ros::Publisher person_info_pub = n.advertise<learning_communication::PersonMsg>
("/person_info", 10);
```

尖括号<learning_communication::PersonMsg>里的是用户定义的消息类型，这里发布了一个名为 person_info 的话题，队列长度缓存为 10。

```
learning_communication::PersonMsg person_msg;
person_msg.name = "Tom";
person_msg.age  = 18;
person_msg.sex  = learning_communication::PersonMsg::male;
```

接下来定义了一个 person_msg 对象，并对这个对象中的 3 个参数进行了设置。其中，利用宏定义的方式调用了 PersonMsg.msg 中定义的性别参数。如果直接输入“1”，也表示男性，这里用类的方式显示数据，让程序可读性更高一些。

4. 创建订阅者 Subscribe

在~/catkin_ws/src/learning_communication/src 路径下创建 person_subscriber.cpp 可执行 C++脚本来建立 person_subscriber 的订阅者。

```
#include <ros/ros.h>
#include "learning_communication/PersonMsg.h"
// 接收到订阅的消息后,会进入消息回调函数
void personInfoCallback(const learning_communication::PersonMsg::ConstPtr& msg)
{
    // 将接收到的消息打印出来
    ROS_INFO("Subcribe Person Info: name:%s  age:%d  sex:%d", sg->name.c_str(),
msg->age, msg->sex);
}
int main(int argc, char ** argv)
{
    ros::init(argc, argv, "person_subscriber");     // 初始化 ROS 节点
    ros::NodeHandle n; // 创建节点句柄
    // 创建一个 Subscriber,订阅名为 person_info 的话题,注册回调函数 personInfoCallback
```

```
    ros::Subscriber person_info_sub = n.subscribe("/person_info", 10, personInfo-
Callback);
    ros::spin();  // 循环等待回调函数
    return 0;
}
```

在这个代码段中，在生成一个订阅者时是不需要对数据类型进行声明的，但需要关注回调函数中使用自定义数据类型的指针用法，正确使用相应的调用格式来显示数据。

5. 编译功能包

接下来回到~/catkin_ws/src/learning_communication/中的 CMakeLists. txt 文件中，输入以下代码：

```
add_executable(person_publisher src/person_publisher.cpp)
target_link_libraries(person_publisher ${catkin_LIBRARIES})
add_dependencies(person_publisher ${PROJECT_NAME}_gencpp)

add_executable(person_subscriber src/person_subscriber.cpp)
target_link_libraries(person_subscriber ${catkin_LIBRARIES})
add_dependencies(person_subscriber ${PROJECT_NAME}_gencpp)
```

其中，add_executable 和 target_link_libraries 在本项目的任务 1 中已经介绍过，是为了设置编译的可执行文件，并加入编译需要的链接库。在本任务中，因为用的是自定义消息，消息类型会在编译过程中产生相应语言的代码，因此需要依赖一个动态产生的头文件，这里用 add_dependencies，可以在编译节点时动态依赖头文件。

6. 运行 Publisher 和 Subscriber

1）首先确保 ROS Master 已经成功启动。

```
roscore
```

2）启动 Publisher。使用 rosrun 命令启用 Publisher：

```
rosrun learning_communication person_publisher
```

如果 Publisher 节点运行正常，则终端中会出现图 3-10 所示的日志信息。

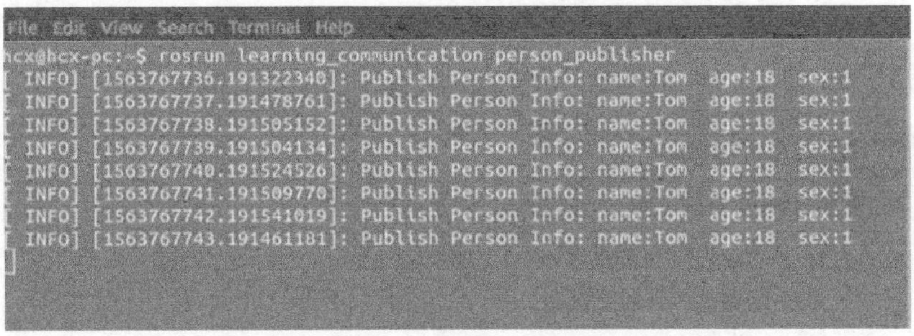

```
File Edit View Search Terminal Help
hcx@hcx-pc:~$ rosrun learning_communication person_publisher
[ INFO] [1563767736.191322340]: Publish Person Info: name:Tom  age:18  sex:1
[ INFO] [1563767737.191478761]: Publish Person Info: name:Tom  age:18  sex:1
[ INFO] [1563767738.191505152]: Publish Person Info: name:Tom  age:18  sex:1
[ INFO] [1563767739.191504134]: Publish Person Info: name:Tom  age:18  sex:1
[ INFO] [1563767740.191524526]: Publish Person Info: name:Tom  age:18  sex:1
[ INFO] [1563767741.191509770]: Publish Person Info: name:Tom  age:18  sex:1
[ INFO] [1563767742.191541019]: Publish Person Info: name:Tom  age:18  sex:1
[ INFO] [1563767743.191461181]: Publish Person Info: name:Tom  age:18  sex:1
```

图 3-10　发布者运行结果

3）启动 Subscriber。利用 rosrun 运行 Subscriber 节点，订阅发布者发布的消息。

```
rosrun learning_communication person_subscriber
```

如果消息订阅成功，则会在终端中显示图 3-11 所示的接收到的消息内容。

```
File Edit View Search Terminal Help
hcx@hcx-pc:~$ rosrun learning_communication person_subscriber
[ INFO] [1563767759.192100782]: Subcribe Person Info: name:Tom  age:18  sex:1
[ INFO] [1563767760.191791175]: Subcribe Person Info: name:Tom  age:18  sex:1
[ INFO] [1563767761.191845772]: Subcribe Person Info: name:Tom  age:18  sex:1
[ INFO] [1563767762.191984628]: Subcribe Person Info: name:Tom  age:18  sex:1
[ INFO] [1563767763.191923839]: Subcribe Person Info: name:Tom  age:18  sex:1
[ INFO] [1563767764.191936018]: Subcribe Person Info: name:Tom  age:18  sex:1
[ INFO] [1563767765.191998506]: Subcribe Person Info: name:Tom  age:18  sex:1
```

图 3-11　订阅者运行结果

总结评价

1. 工作计划表

序号	工作内容	计划完成时间	完成情况自评	教师评价

2. 任务实施记录及改善意见

____

____

____

拓展练习

思考话题通信机制运用在分布式系统中的优势和劣势，总结并画出话题通信机制建立的一般过程。

任务 2　服务通信机制认知

任务目标

任务名称	服务通信机制认知
任务描述	掌握 ROS 节点间通信的 Service 方式
预习要点	1） Service 通信的基本原理 2） 服务器端和客户端的概念 3） Service 通信的特点
材料准备	PC（Ubuntu 系统或安装 Ubuntu 系统的虚拟机）
参考学时	2

预备知识

ROS 提供了节点与节点间通信的另外一种方式：服务（Service）通信。Service 通信分为 Client 端和 Server 端。Client 端负责发送请求（Request）给 Server 端。Server 端负责接收 Client 端发送的请求数据。Server 端收到数据后，根据请求数据和当前的业务需求产生数据，并将数据（Response）返回给 Client 端。这里以图 3-12 所示的 turtlesim 节点提供的服务模型为例，在前面的小海龟仿真程序中，trutlesim 节点提供了一个服务/spawn，该服务可以再生一个小海龟。当 turtle_spawn 节点（Client 端）发送请求时，turtlesim 节点（服务器端）收到该请求，并根据请求响应了客户端，于是客户端会再生一个小海龟。该部分会在任务实践中实施。

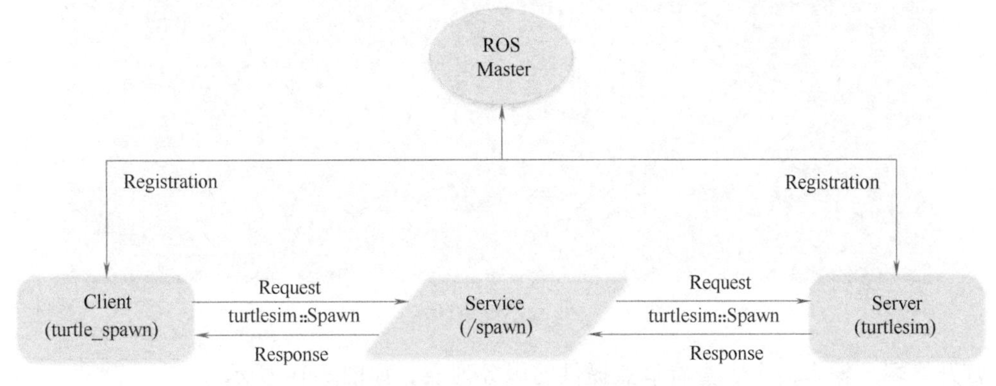

图 3-12　服务模型（客户端/服务器端）

服务是同步的跨进程函数调用。所谓同步，是指客户端发送请求数据，服务端完成处理后返回应答数据。Client 端发送请求后会阻塞，直到 Server 端返回结果才会继续执行。使用 Client/Server 模型，能够让客户端节点调用运行在服务端节点中的函数。服务端声明一个服务，并定义了一个回调函数来处理服务请求。客户端通过一个本地的代理请求调用这个服务。

另一方面，既然有了话题（topic）这种通信机制，为什么还要有服务通信机制呢？原因就在于订阅/发布话题是不同步的，发布者只管发布消息，不管有没有或有几个订阅者，也不管订阅者能不能跟得上自己的发布速度。订阅者只管监听消息，不会告诉发布者听没听到。这种方式交换数据的效率高，但完全不具备应答功能。

什么时候要应答呢？比如，节点 A 对着广场连续喊：“2+3 等于几……”没有人理会。正确的操作应该是：节点 A 对着会做加法运算（声明了一个加法运算的服务）的节点 B 说：“2+3 等于几？”节点 B 算了一下，然后告诉节点 A：“等于 5。”这就是需要应答的场合，所以有了服务这个概念。当服务端收到服务请求后，会对请求做出响应，将数据的处理结果返回给客户端。这种模式更适用于双向同步的信息传输。服务调用非常适合那些只需要偶尔去做且会在有限的时间里完成的事。

任务实践

实践 1：再生小海龟

按照“预备知识”中的介绍，turtlesim 节点的/spawn 服务可以生成小海龟。/spawn 的服务数据类型是 turtlesim/Spawn。

运行小海龟仿真程序，生成小海龟的运行界面如图 3-13 所示。

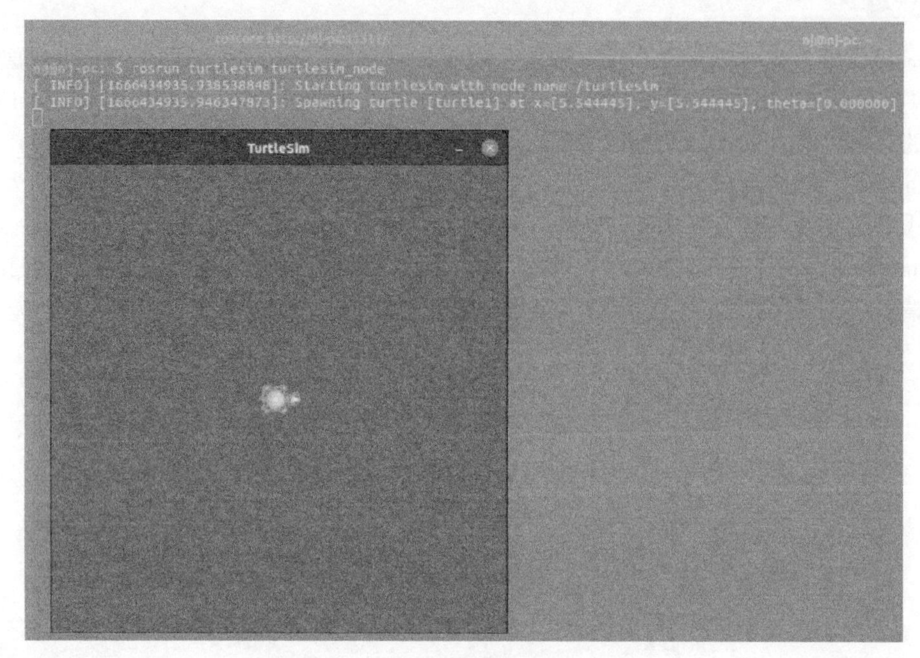

图 3-13　生成小海龟的运行界面

打开终端，输入命令，查看节点提供的服务列表，如图 3-14 所示。

```
rosservice list
```

```
nj@nj-pc:~$ rosservice list
/clear
/kill
/reset
/rosout/get_loggers
/rosout/set_logger_level
/spawn
/turtle1/set_pen
/turtle1/teleport_absolute
/turtle1/teleport_relative
/turtlesim/get_loggers
/turtlesim/set_logger_level
```

图 3-14　节点提供的服务列表

输入命令，查看/spawn 的服务类型，如图 3-15 所示。

```
$ rosservice type /spawn
```

输入命令，查看/spawn 服务消息详情：

```
$ rossrv show turtlesim/Spawn
```

如图 3-16 所示，x 和 y 代表小海龟的位置，theta 代表小海龟的朝向，name 是小海龟的名字。“---”是分隔符，分隔符上面是请求的数据类型，下面是反馈的数据类型，这里都是空。

```
roscore http://nj-pc:11311/
nj@nj-pc:~$ rosservice type /spawn
turtlesim/Spawn
nj@nj-pc:~$
```

图 3-15　查看/spawn 的服务类型

```
nj@nj-pc:~$ rossrv show turtlesim/Spawn
float32 x
float32 y
float32 theta
string name
---
string name
```

图 3-16　/spawn 服务消息详情

在命令行输入终端命令，调用/spawn 再生成一只小海龟，如图 3-17 所示。

```
$ rosservice call /spawn "x: 2.0
y: 2.0
theta: 0.0
name: 'turtlesp'"
```

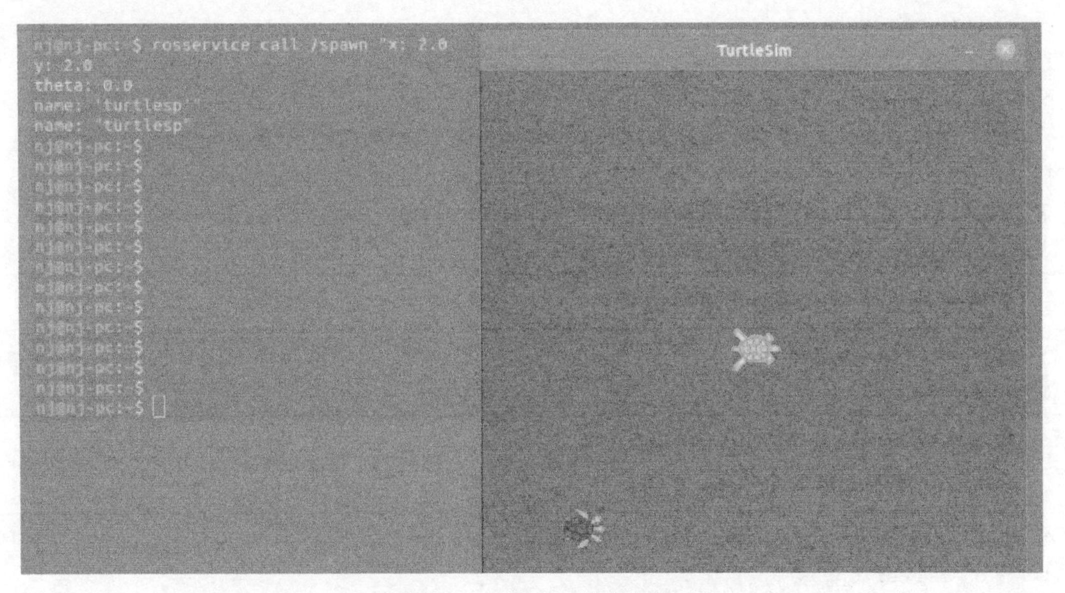

图 3-17　再生成一只小海龟

实践 2：实现两数相加

在工作空间 catkin_ws 路径下创建一个功能包：

```
$ cd ~/catkin_ws/src
$ catkin_create_pkg learning_communication roscpp rospy std_msgs geometry_msgs turtlesim
```

定义 srv 文件：

```
$ cd ~/catkin_ws/src/learning_communication
$ mkdir srv
```

创建 AddTwoInts. srv 文件：

```
$ cd ~/catkin_ws/src/learning_communication/srv
$ touch AddTwoInts.srv
```

AddTwoInts. srv 文件内容：

```
int64 a
int64 b
---
int64 sum
```

在 package. xml 中添加功能包依赖：

```
<build_depend>message_generation</build_depend>
<exec_depend>message_runtime</exec_depend>
```

在 CMakeLists. txt 中添加编译选项：

```
find_package(catkin REQUIRED COMPONENTS
  ...
  message_generation
)
catkin_package(
  CATKIN_DEPENDS geometry_msgs roscpp rospy std_msgs turtlesim message_runtime
)
$ add_service_files(FILES AddTwoInts.srv)
$ generate_messages(DEPENDENCIES std_msgs)
```

配置完成后，对工程目录进行编译：

```
$ cd ~/catkin_ws
$ catkin_make
```

接下来编写 Server 和 Client 代码文件。

在 src 目录下创建两个 . cpp 文件：

```
$ cd ~/catkin_ws/src/learning_communication/src
$ touch server.cpp
$ touch client.cpp
```

server. cpp 的内容如下：

```
#include <ros/ros.h>
#include "learning_communication/AddTwoInts.h"
// service 回调函数,输入参数为 req,输出参数为 res
bool add(learning_communication::AddTwoInts::Request  &req,
                                learning_communication::AddTwoInts::Response &res)
{
   // 将输入参数中的请求数据相加,结果放到应答变量中
      res.sum = req.a + req.b;
      ROS_INFO("request: x=% ld, y=% ld", (long int)req.a, (long int)req.b);
      ROS_INFO("sending back response: [% ld]", (long int)res.sum);

   return true;
}
int main(int argc, char ** argv)
{
   // ROS 节点初始化
   ros::init(argc, argv, "add_two_ints_server");
   // 创建节点句柄
   ros::NodeHandle n;
   ros::ServiceServer service = n.advertiseService("/add_two_ints", add);
   // 循环等待回调函数
   ROS_INFO("Ready to add two ints.");
   ros::spin();
   return 0;
}
```

client. cpp 的内容如下：

```
#include <cstdlib>
#include <ros/ros.h>
#include "learning_communication/AddTwoInts.h"
int main(int argc, char** argv)
{
   // 初始化 ROS 节点
      ros::init(argc, argv, "add_two_ints_client");

      // 从终端命令行获取两个加数
      if (argc ! = 3){
              ROS_INFO("usage: add_two_ints_client X Y");
              return 1;
      }
```

```
    // 创建节点句柄
        ros::NodeHandle n;
    // 创建一个 Client,请求 add_two_ints Service, Service 的消息类型是 learning_commu-
nication::AddTwoInts
        ros::ServiceClient client = n.serviceClient<learning_communication::Ad-
dTwoInts>("add_two_ints");
    // 创建 learning_communication::AddTwoInts 类型的 Service 消息
        learning_communication::AddTwoInts srv;
        srv.request.a = atoll(argv[1]);
        srv.request.b = atoll(argv[2]);
    // 发布 Service 请求,等待加法运算的应答结果
        if (client.call(srv)){
                ROS_INFO("Sum: % ld", (long int)srv.response.sum);
        }else{
                ROS_ERROR("Failed to call service add_two_ints");
                return 1;
        }
        return 0;
};
```

在 CMakeLists. txt 文件中添加以下代码：

```
add_executable(server src/server.cpp)
target_link_libraries(server ${catkin_LIBRARIES})
add_dependencies(server ${PROJECT_NAME}_gencpp)

add_executable(client src/client.cpp)
target_link_libraries(client ${catkin_LIBRARIES})
add_dependencies(client ${PROJECT_NAME}_gencpp)
```

对工程目录进行编译：

```
$ cd ~/catkin_ws
$ catkin_make
```

接下来进行测试。启动 roscore 节点：

```
$ roscore
```

启动自定义的订阅者节点：

```
$ learning_communication server
```

启动自定义的发布者节点：

```
$ rosrun learning_communication client 7 8
```

Client 启动后发布服务请求，Server 接收到服务调用后完成加法求解，并将结果反馈给 Client，运行效果如图 3-18 所示。

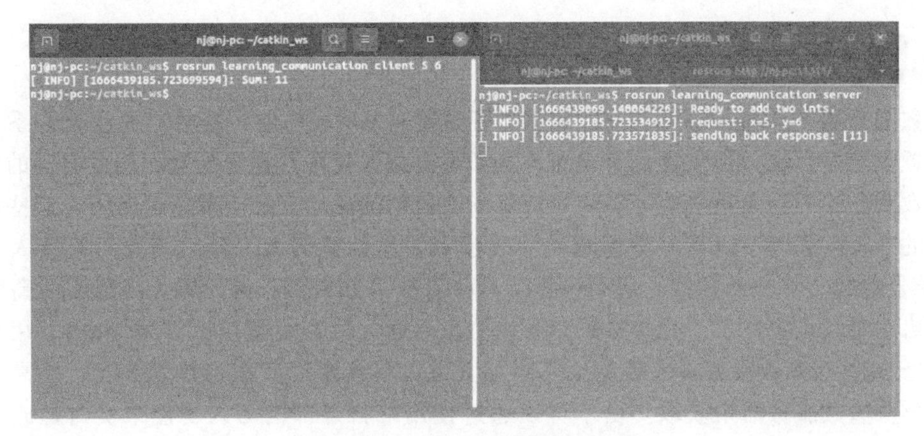

图 3-18　客户端和服务器端运行效果

总结评价

1. 工作计划表

序号	工作内容	计划完成时间	完成情况自评	教师评价

2. 任务实施记录及改善意见

____

____

____

拓展练习

试一试编写客户端程序，调用/spwan 服务，一次性在随机位置生成 18 个小海龟。

任务 3　参数服务器通信机制认知

任务目标

任务名称	参数服务器通信机制认知
任务描述	掌握 ROS 通信中参数服务器的概念及使用方法
预习要点	1）参数服务器的概念 2）参数服务器的特点 3）参数服务器的通信模型及操作
材料准备	PC（Ubuntu 系统或安装 Ubuntu 系统的虚拟机）
参考学时	2

预备知识

参数服务器（Parameter Server）是节点管理器（Master）的一部分，并且允许系统将数据或配置信息保存在关键位置。所有的节点都可以获取这些数据来配置、改变自己的状态。

参数服务器的特点是参数可以认为是节点中使用的全局变量。默认情况下，这些设置值是指定的，有需要时可以从外部读取或写入参数，比如机器人工作时需要对机器人的参数（如传感器参数、算法的参数）进行设置。有些参数（如机器人的轮廓、传感器的高度）在机器人启动时就设定好了；有些参数则需要动态改变（特别是在调试时）。此时，用户可以利用 ROS 提供的参数服务器来满足这一需求。可以将参数设置在参数服务器，在需要用到参数时再从参数服务器中获取。由于可以通过使用来自外部的写入功能来实时地改变设置值，因此它可以灵活地应对多变的情况。例如，可以指定与外部设备连接 PC 的 USB 端口、相机校准值、电动机速度或命令的最大值和最小值等设置值。

参数服务器使用 XML/RPC 数据类型为参数赋值，包括以下类型：32 位整数、布尔值、字符串、双精度浮点、ISO 8601 日期、列表（List）以及基于 64 位编码的二进制数据。参数服务器的理论模型如图 3-19 所示。

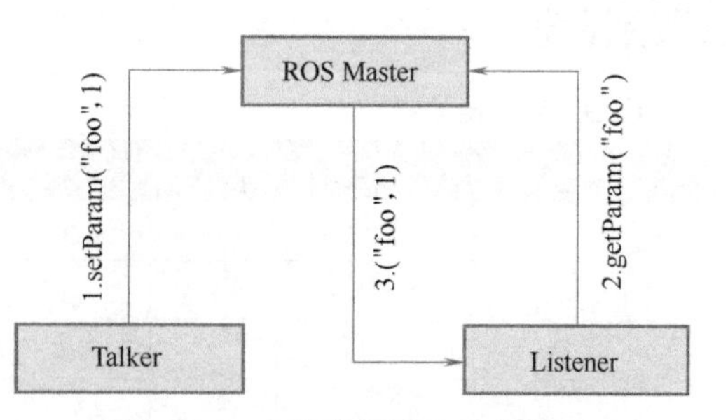

图 3-19　参数服务器的理论模型

整个流程由以下步骤实现：

1）Talker 设置参数。Talker 通过 RPC 向参数服务器发送参数（包括参数名与参数值），ROS Master 将参数保存到参数列表中。

2）Listener 获取参数。Listener 通过 RPC 向参数服务器发送参数查找请求，请求中包含要查找的参数名。

3）ROS Master 向 Listener 发送参数值。ROS Master 根据步骤 2）中的请求提供的参数名查找参数值，并将查询结果通过 RPC 发送给 Listener。

参数服务器的配置方式非常简单、灵活，总的来讲有 3 种方式：命令行维护、. launch 文件读写以及 node 源码。另外，参数服务器不是为高性能而设计的，因此最好用于存储静态的非二进制的简单数据。

任务实践

这里分别使用命令行维护、. launch 文件读写以及 node 源码 3 种方式实现利用参数服务器来进行 ROS 的相关通信。

1. 命令行维护

ROS 中关于参数服务器的工具是 rosparam。其支持的参数见表 3-1。

表 3-1　rosparam 支持的参数

命　令	说　明
rosparam list	查看参数列表
rosparam get[参数名称]	获取参数值
rosparam set[参数名称]	设置参数值

（续）

命　令	说　明
rosparam dump[文件名称]	将参数保存到指定文件
rosparam load[文件名称]	获取保存在指定文件中的参数
rosparam delete[参数名称]	删除参数通信模型

2. .launch 文件读写

用.launch 文件配置参数的好处如下：

1）不查看源程序就可以知道节点用到的参数以及给定的初始值。

2）可以将要修改参数的初始值保存到.launch 文件，而不必修改和重新编译源程序。

ROS 中可以使用 param 和 rosparam 标签，设置 ROS 运行中的参数，存储在参数服务器中。一个典型的.launch 文件示例如下：

```
// name 是参数名,value 是参数值
<param name = "output_frame" value = "odom" />
//加载参数文件中的多个参数
<rosparam file="params.yaml" command="load" ns="params"/>
```

一般来说，可以将需要设置的参数保存在.yaml 文件中，使用 rosparam load 命令可一次性地将多个参数加载到服务器。举例来说，编写名为 param.yaml 的参数文件，内容如下：

```
>#There are some params which will be loaded
yaml_param_string1: abcd123
yaml_param_string2: 567efg

yaml_param_num1: 123.123
yaml_param_num2: 1234567

yaml_param_set:
  param_set_string1: zzzzz
  param_set_num1: 999
  param_set_string2: a6666
  param_set_num2: 2333

  param_subset:
    param_set_string1: qwer
    param_set_num1: 5432
    param_set_string2: a12s3
    param_set_num2: 1111
```

在终端中载入参数：

```
$ rosparam load param.yaml
```

然后输入命令：

```
$ rosparam list
```

如图 3-20 所示，参数已经全部被加载完成了。

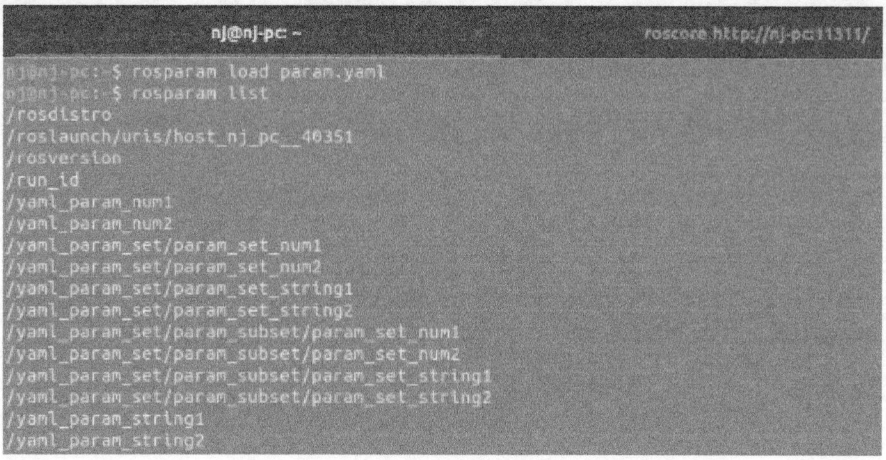
nj@nj-pc: ~
roscore http://nj-pc:11311/
nj@nj-pc:~$ rosparam load param.yaml
nj@nj-pc:~$ rosparam list
/rosdistro
/roslaunch/uris/host_nj_pc__40351
/rosversion
/run_id
/yaml_param_num1
/yaml_param_num2
/yaml_param_set/param_set_num1
/yaml_param_set/param_set_num2
/yaml_param_set/param_set_string1
/yaml_param_set/param_set_string2
/yaml_param_set/param_subset/param_set_num1
/yaml_param_set/param_subset/param_set_num2
/yaml_param_set/param_subset/param_set_string1
/yaml_param_set/param_subset/param_set_string2
/yaml_param_string1
/yaml_param_string2

图 3-20　yaml 载入参数完成

3. node 源码

param 的操作非常轻巧，非常简单。这里，首先创建一个 param_test 包，然后分别创建 talker. cpp 和 listener. cpp 这两个文件。

talker. cpp 代码如下：

```
#include "ros/ros.h"
int main(int argc, char ** argv)
{
    // 设置编码
    setlocale(LC_ALL, "");
    // 初始化 ROS 节点
    ros::init(argc, argv, "param_set_node");
    // 实例化 ROS 句柄
    ros::NodeHandle nh;
    std::vector<std::string> course;
    course.push_back("语文");
    course.push_back("数学");
    course.push_back("英语");
    // 参数 1 为写入参数的名称,参数 2 为写入参数的值
    nh.setParam("name", "张三");
    nh.setParam("age", 10);
    nh.setParam("course", course);
    // 功能与上面相同
    // ros::param::set("name", "张三");
    // ros::param::set("age", 10);
    // ros::param::set("course", course);
    return 0;
}
```

listener. cpp 代码如下:

```
#include "ros/ros.h"
int main(int argc, char ** argv)
{
    // 设置编码
    setlocale(LC_ALL, "");
    // 初始化 ROS 节点
    ros::init(argc, argv, "param_get_node");
    // 实例化 ROS 句柄
    ros::NodeHandle nh;

    std::string name;
    int age;
    std::vector<std::string> course_list;
    std::string course;

    // 方式一:参数 1 为参数服务器中的键,参数 2 为查询到的参数值
    nh.getParam("name", name);
    nh.getParam("age", age);
    nh.getParam("course", course_list);

    // 功能与上面相同
    // ros::param::get("name", name);
    // ros::param::get("age", age);
    // ros::param::get("course", course_list);

    for (auto c : course_list)
    {
        course = course + c + ";";
    }
    ROS_INFO("获取到的名字为:%s", name.c_str());
    ROS_INFO("获取到的年龄为:%d", age);
    ROS_INFO("获取到的课程为:%s", course.c_str());

    // 方式二:默认值版本。参数 1 为到参数服务器查找该字段的值,找到的话则赋值给参数 2,未找到
则使用参数 3(默认值)
    int ageA;
    nh.param("ageA", ageA, 15);
    ROS_INFO("获取到的年龄(A)为:%d", ageA);
    return 0;
}
```

配置 CMakeLists. txt:

```
# 节点构建选项,配置可执行文件
add_executable(param_set_node src/talker.cpp)
add_executable(param_get_node src/listener.cpp)
# 节点构建选项,配置目标链接库
target_link_libraries(param_set_node
  ${catkin_LIBRARIES}
)
target_link_libraries(param_get_node
  ${catkin_LIBRARIES}
)
```

编译和运行之后，使用 roscore 启动主节点，然后运行“source ~/. bashrc”命令，接着分别运行参数写入节点和参数读取节点，就可以看到最后的打印输出，如图 3-21 所示。

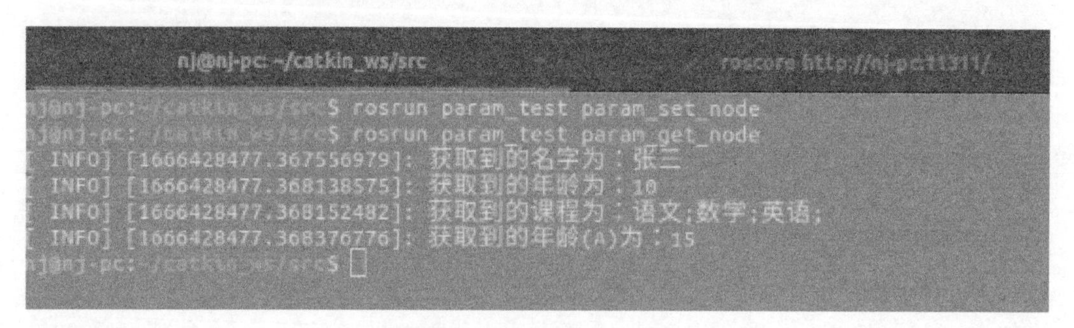

图 3-21　参数服务器读取结果

总结评价

1. 工作计划表

序号	工作内容	计划完成时间	完成情况自评	教师评价

2. 任务实施记录及改善意见

____

____

____

拓展练习

关于 param 的 API，roscpp 提供了两套：ros:: param namespace 和 ros:: NodeHandle。它们的操作完全一样。编写相关的读写程序，熟悉两者的使用方法。

项目4
ROS 常用组件的应用

项目简介

介绍完通信部分之后，为了更好地提升开发效率，本项目将系统介绍 ROS 中的常用组件。本项目的主要内容包括 .launch 启动文件、TF 坐标变换、QT 工具箱、Rviz 三维可视化平台、Gazebo 仿真环境和 rosbag 数据记录与回放。“工欲善其事，必先利其器”，通过本项目的学习，学生需要掌握各个组件的基本功能和使用方法，从而提升自己的开发效率，为快速开发实用的机器人项目打下基础。

教学目标

1. 知识目标

1）掌握 ros launch、TF 坐标变换、QT 工具箱、Rviz、Gazebo 和 rosbag 的概念。

2）了解常用组件的使用范围和注意事项。

2. 能力目标

1）能够完成常用组件的安装。

2）能够调用指定组件实现相应功能。

3）能够选用合适的组件实现项目要求的对应功能。

3. 素养目标

1）具有团队协作、交流沟通能力。

2）具有软件工具调试的初步能力。

3）通过组件的设计思想，培养科学任务中思考和探究的能力。

任务进阶

任务 1　roslaunch 的应用

任务 2　TF 坐标变换

任务 3　QT 工具箱的应用

任务 4　Rviz 可视化工具的应用

任务 5　Gazebo 工具的应用

任务 6　rosbag 工具的应用

任务1　roslaunch 的应用

任务目标

任务名称	roslaunch 的应用
任务描述	编写 . lanuch 文件，在一个命名空间里面一次性启动小海龟仿真和键盘控制节点
预习要点	1） roslaunch 的概念 2） . launch 文件常用标签
材料准备	PC（Ubuntu 系统或安装 Ubuntu 系统的虚拟机）
参考学时	1

预备知识

在 ROS 系统中，如果节点较少，则可以使用 rosrun 命令启动单个节点。但是，在深入学习 ROS 之后，系统程序的规模逐渐变大，需要的节点越来越多，这时候如果仍逐一启动节点，那么效率极其低下。此时，可以用 . launch 文件将需要的节点同时启动，可大幅提高效率。同时，launch 文件里还有很多参数，如果灵活使用，则会非常高效。

1. roslaunch 的概念

. launch 文件是 XML 格式的文件，可以启动本地和远程的多个节点，还可以在参数服务器中设置参数。

roslaunch 是一个用于自动启动 ROS 节点的命令行工具，从命令的字面上看，还与 rosrun 有些相似，只不过 roslaunch 的操作对象并非节点，而是 . launch 文件。. launch 文件是描述一组节点及其话题重映射和参数的 XML 文件。根据规范，这些文件的扩展名都是 . launch。

用 roslaunch 命令启动 . launch 文件至少有以下两种方式：

1） 借助 ROS package 路径启动，格式如下：

```
$ roslaunch PACKAGE_NAME LAUNCH_FILE_NAME
```

2） 直接给出 . launch 文件的绝对路径，格式如下：

```
$ roslaunch path_to_launchfile
```

不论用上述哪种方式启动 . launch 文件，都可以在后边添加参数，比较常见的参数如下：

1） --screen：将 ROS node 的信息（如果有的话）输出到屏幕上，而不是保存在某个 log 文件中，这样可方便调试。

2） arg：=value：如果 . launch 文件中有待赋值的变量，则可以通过这种方式赋值。

3） Tip：roslaunch 命令执行 . launch 文件时，首先会判断是否启动了 roscore：如果启动了，则不再启动；否则会自动调用 roscore。

一个非常简单的 . launch 文件示例如下：

```
<launch>
    <node name="demo" pkg="demo_package"
```

```
        type="demo_pub" output="screen"/>
    <node name="demo" pkg="demo_package"
        type="demo_sub" output="screen"/>
</launch>
```

2. launch 文件常用的标签

（1）<launch>标签　<launch>标签就像一个容器，规定了一片区域。所有的 . launch 文件都由<launch>开头，由</launch>结尾，所有的描述标签都要写在<launch>和</launch>之间。

```
<launch>
…
</launch>
```

（2）<node>标签　<node>标签是 . launch 文件里常见的标签，每个<node>标签里都包含了 ROS 图中节点的名称属性 name、该节点所在的包名 pkg 以及节点的类型 type。

```
<node pkg="package-name" type="executable-name" name="node-name" />
```

需要注意的是，roslaunch 命令不能保证按照<node>的声明顺序来启动节点（节点的启动是多进程的），node 节点包含很多属性，相关属性作用见表 4-1。

表 4-1　node 节点的属性及作用

属　　性	作　　用
pkg="PACKAGE_NAME"	节点所在的包名
type="FILE_NAME"	执行文件的名称。如果是用 Python 编写的，就输入 xxx. py 格式的名称；如果是 . cpp 文件，就输入编译生成的可执行文件名
name="NODE_NAME"	为节点指派名称，这将会覆盖 ros::init()定义的 node_name
output="screen"	终端输出打印到终端窗口，而不是写入 ROS 的日志文件中
respawn="true"	当 roslaunch 启动完所有该启动的节点之后，会监测每一个节点，保证它们处于正常的运行状态。对于任意节点，当它终止时，roslaunch 会将该节点重启
required="true"	当被此属性标记的节点终止时，roslaunch 会将其他节点一并终止。注意：此属性不可以与 respawn="true"一起描述同一个节点
launch-prefix = "command-prefix"	用于预先添加到节点的启动参数的命令/参数
ns = "NAME_SPACE"	这个属性可以在自定义的命名空间里运行节点

（3）<include>标签　<include>标签可以将另一个 roslaunch XML 文件导入到当前文件。使用方法示例：

```
<include file="$(find demo)/launch/demo.launch" ns="demo_namespace"/>
```

标签常用的两种属性及其作用见表 4-2。

表 4-2　标签常用的相关属性及其作用

属　　性	作　　用
file ="$(find pkg-name)/path/filename. xml"	指明用户想要包含进来的文件
ns="NAME_SPACE"	设置相对名称

（4）<remap>标签　<remap>标签即为重映射，ROS 支持 topic 的重映射。<remap>标签里包含一个 original-name 和一个 new-name，即原名称和新名称。

比如现在有一个节点，这个节点订阅了“/chatter”话题，然而用户自己写的节点只能发布到“/demo/chatter”话题，由于这两个话题的消息类型是一致的，如果要让这两个节点进行通信，那么可以在 .launch 文件中编写如下代码：

```
<remap from="chatter" to="demo/chatter"/>
```

此时就可以直接把“/chatter”话题重映射到“/demo/chatter”，不用修改任何代码，就可以让两个节点进行通信。如果这个<remap>标签写在与<node>标签的同一级，而且在<launch>标签内的最顶层，那么这个重映射将会作用于 launch 文件中所有的节点。

（5）<param>标签和<rosparam>标签　<param>标签的作用相当于命令行中的 rosparam set，用于设置 ROS 运行中的参数，并存储在参数服务器中。比如在参数服务器中添加一个名为 demo_param、值为 1962 的参数，则可以编写如下代码：

```
<param name="demo_param" type="int" value="1962"/>
```

<rosparam>标签允许从 .yaml 配置文件中一次性导入大量参数。其效果与终端指令 rosparam load file_name 的效果相同。

```
<rosparam command="load" file="$(find pkg-name)/path/name.yaml"/>
```

（6）.launch 文件里面的参数<arg>标签　<arg>标签可以灵活地配置 .launch 文件的参数值，从而创建可重用和可配置的 .launch 文件。向<arg>标签传递值的方法有 3 种：命令行指令、通过<include>传参以及在更高层的文件中声明。<arg>不是全局的。<arg>声明特定于单个 .launch 文件，类似于方法中的局部参数。用户必须像在方法调用中一样，将<arg>中的值显式传递给 .include 文件。举例来说，在 demo.launch 文件中声明一个参数，名为 arg_demo，并为其赋值 1962，代码如下：

```
<arg name="arg_demo" default="1962"/>
<arg name="arg_demo_1" value="1962"/>
```

以上两种赋值方法都是可行的。区别在于，使用 default 赋值的参数可以在命令行中被修改，使用 value 赋值的则不可以。命令行中的修改样式如下：

```
roslaunch demo demo.launch arg_demo:=888
```

在 .launch 文件中可以采用 $(arg arg_name) 的形式调用参数值。下面介绍向<include>文件传参。

my_file.launch 文件：

```
<include file="included.launch">
  <!--所有 launch 中的参数都需要赋初值-->
  <arg name="hoge" value="fuga" />
</include>
```

included.launch 文件：

```
<launch>
  <!--声明将要传入的参数-->
```

```
  <arg name="hoge" />
  <!--读取参数值-->
  <param name="param" value="$(arg hoge)"/>
</launch>
```

<arg>和<param>在 ROS 里有根本性的区别：<arg>不存储在参数服务器中，不能提供给节点使用，只能在 .launch 文件中使用；<param>则可存储在参数服务器中，可以被节点使用。

（7）<group>标签　<group>标签可以将若干个节点同时划分到某个工作空间，还可以对 node 进行批量管理。编写过程中有两种语法结构，举例如下：

1）当 if 属性的值为 false 时，将会忽略<group>和</group>之间的标签。

```
<group if="true-or-false">
    <node name="demo_1" pkg="demo_1" type="demo_pub_1" output="screen"/>
…
</group>
```

2）当 if 属性的值为 0 时，将会忽略<group>和</group>之间的标签。

```
<group unless="1-or-0">
    <node name="demo_2" pkg="demo_2" type="demo_pub_2" output="screen"/>
…
</group>
```

当将 true 和 false 替换搭配为 $(arg arg_name) 时，可以更加灵活地实现复杂功能。比如：

demo. launch 文件：

```
<launch>
    <include file="include.launch">
        <arg name="demo_arg" value="true"/>
    </include>
</launch>
```

include. launch 文件：

```
<launch>
    <arg name="demo_arg"/>
    <group if="$(demo_arg)">
        <node name="demo" pkg="demo" type="demo_pub" output="screen"/>
        <node name="demo" pkg="demo" type="demo_sub" output="screen"/>
    </group>
```

上述加粗的部分代码会因为 demo_arg 的内容是 true 而被执行。

任务实施

需要明确的是，如果不适用 .launch 文件，要实现任务功能，则需要分为 3 步。首先需要启动 roscore，然后利用 rosrun 命令启动 turtlesim 功能包的 turtlesim_node 和 turtle_teleop_ key 两个节点。下面按照这个思路编写 demo. launch 文件。

首先搭建<launch>的结构：

```
<launch>


</launch>
```

最后将涉及的节点信息放在<node>里面：

```
<launch>
    <node pkg="turtlesim" type="turtlesim_node" name="t1"/>
    <node pkg="turtlesim" type="turtle_teleop_key" name="key1" />
</launch>
```

至此，一个简单的 . launch 文件就编写完成了。

对于 . launch 文件的运行，只需要在终端输入以下内容：

```
$ roslaunch demo.launch
```

当命令执行时，系统会自动判断 roscore 是否启动，如果没有启动，那么首先自动运行 roscore 命令，然后将小海龟仿真节点和键盘控制节点依次启动。. launch 文件执行结果如图 4-1 所示。

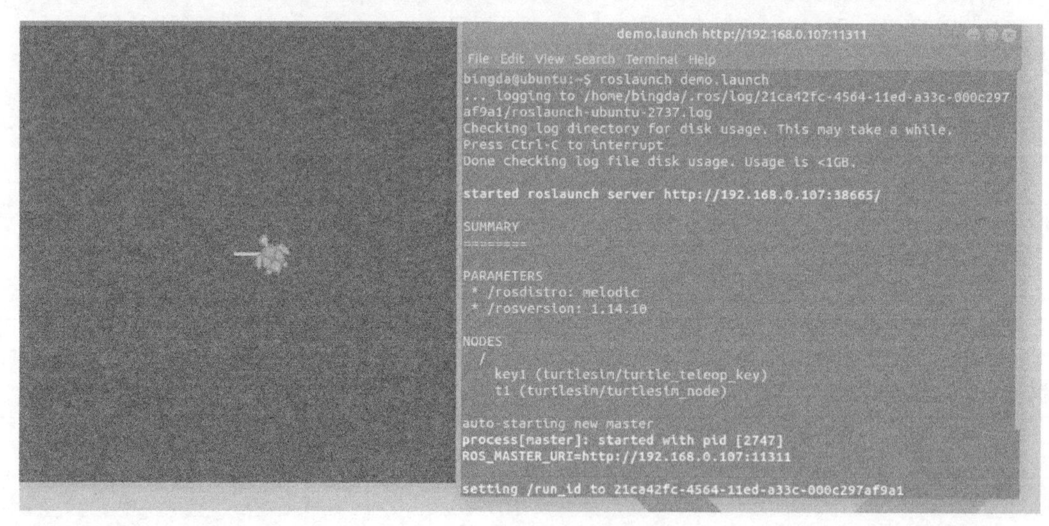

图 4-1　. launch 文件执行结果

总结评价

1. 工作计划表

序号	工作内容	计划完成时间	完成情况自评	教师评价

2. 任务实施记录及改善意见

拓展练习

如何使用 .launch 文件来启动两个 turtlesim 节点，并且使一个节点来模仿另外一个 turtlesim 节点的动作？

Tips：

```
<launch>

    <group ns="turtlesim1">
      <node pkg="turtlesim" name="sim" type="turtlesim_node"/>
    </group>

  <group ns="turtlesim2">
    <node pkg="turtlesim" name="sim" type="turtlesim_node"/>
  </group>

  <node pkg="turtlesim" name="mimic" type="mimic">
    <remap from="input" to="turtlesim1/turtle1"/>
    <remap from="output" to="turtlesim2/turtle1"/>
  </node>

</launch>
```

测试命令，可以看到图 4-2 所示的程序运行结果。

```
$ rostopic pub /turtlesim1/turtle1/cmd_vel geometry_msgs/Twist -r 1 --'[2.0, 0.0, 0.0]''[0.0, 0.0, -1.8]'
```

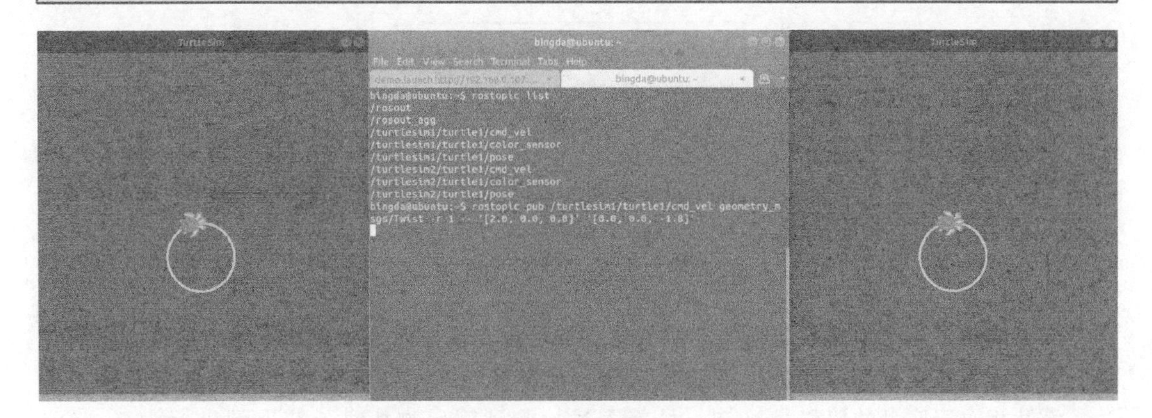

图 4-2　程序运行结果

任务 2　TF 坐标变换

任务目标

任务名称	TF 坐标变换
任务描述	仿真小海龟运动，实现 TF 的广播和监听功能
预习要点	1）理解机器人中坐标变化的概念 2）功能包创建、广播和监听的编程方法
材料准备	PC（Ubuntu 系统或安装 Ubuntu 系统的虚拟机）
参考学时	1

预备知识

1. TF 坐标系统

坐标变换简单来说就是归一化，即把测得的其他物体和机器人上传感器之间的位置信息转换为物体和机器人原点之间的信息。以图 4-3 所示的坐标变化关系为例，机器人系统中有多个传感器，如激光雷达、摄像头等，有的传感器可以感知机器人周边的物体方位（或者称为坐标，可表达横向、纵向、高度的距离信息），以协助机器人定位障碍物。那么可以直接将物体相对该传感器的方位信息等价于物体相对于机器人系统或机器人其他组件的方位信息吗？显然是不行的，中间需要一个转换过程。

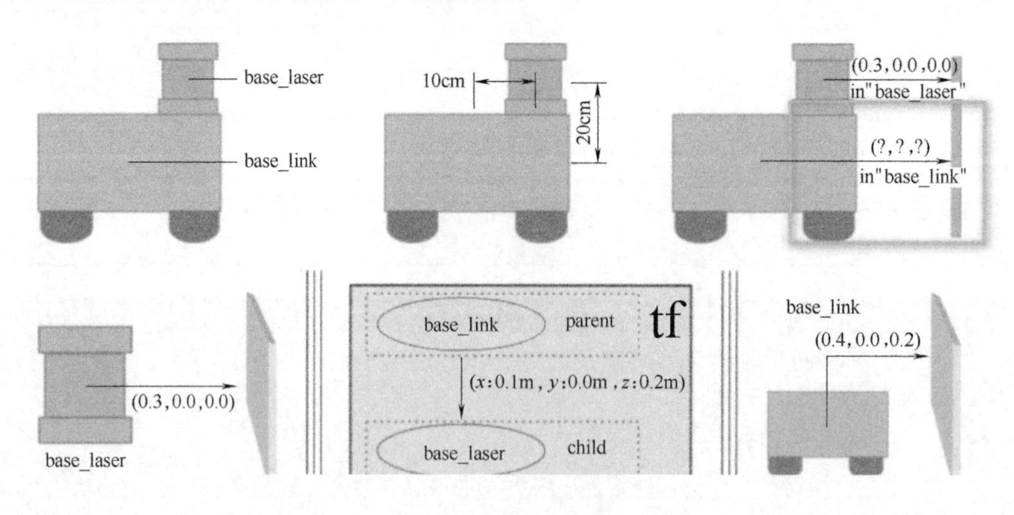

图 4-3　坐标变化关系

只要明确了不同坐标系之间的相对关系，就可以实现任何坐标点在不同坐标系之间的转换，该实现方法是较为常用的，算法较复杂。现有移动式机器人底盘，在底盘上安装了雷达，雷达相对于底盘的偏移量已知，目前雷达检测到障碍物信息，获取到坐标为（x，y，z），则该坐标是以雷达为参考系的。

如何将这个坐标转换成以机器人为参考系的坐标呢？读者可以计算一下图4-3所示的机器人本体和激光传感器之间的坐标关系。

在ROS中，为了计算方便，直接封装了相关的模块，即坐标变换（Transform Frame，TF）。TF用于在ROS中实现不同坐标系之间的点或向量的转换。TF是通过广播TF和监听TF来实现的。

2. TF工具

坐标系统涉及多个空间之间的变换，不容易进行抽象，所以TF提供了丰富的终端工具来帮助开发者调试和创建TF。

（1）tf_monitor

1）用于打印TF树中所有坐标系的发布状态：rosrun tf tf_monitor。

2）查看指定坐标系之间的发布状态：rosrun tf tf_monitor <source_frame><target_frame>。

（2）tf_echo　该工具用于查看指定坐标系之间的变换关系：rosrun tf tf_echo <source_frame><target_frame>。

（3）static_transform_publisher　该工具用于发布两个坐标系之间的静态坐标变换，这两个坐标系不发生相对位置变化。该工具需要设置坐标的偏移参数和旋转参数。

命令有如下两种格式：

1）旋转参数使用以弧度为单位的yaw/pitch/roll角度：

```
$ rosrun tf static_transform_publisher x y x yaw pitch roll frame_id child_frame_id period_in_ms
```

2）旋转参数使用四元数：

```
$ rosrun tf static_transform_publisher x y x qx qy qw frame_id child_frame_id period_in_ms
```

该命令还可以在.launch文件中使用，代码如下：

```
<launch>
  <node pkg="tf" type="static_transform_publisher" name="link_broadcaster" args="1 0 0 0 0 1 link_parent link 100" />
<launch>
```

（4）view_frames　view_frames是可视化的调试工具，可以生成pdf文件，显示TF树的信息。命令为rosrun tf view_frames。

查看pdf文件，可以使用$evince frames.pdf命令。

任务实践

1. 任务需求

安装turtle_tf功能包，理解TF的作用，并且熟悉TF工具的使用方法。

2. 开始实施

功能包安装命令如下：

```
$sudo apt-get install ros-noetic-turtle-tf
```

运行 turtle_tf 功能包，命令如下：

```
$roslaunch turtle_tf turtle_tf_demo.launch
```

打开键盘控制节点，命令如下：

```
$rosrun turtlesim turtle_teleop_key
```

效果如图 4-4 所示。

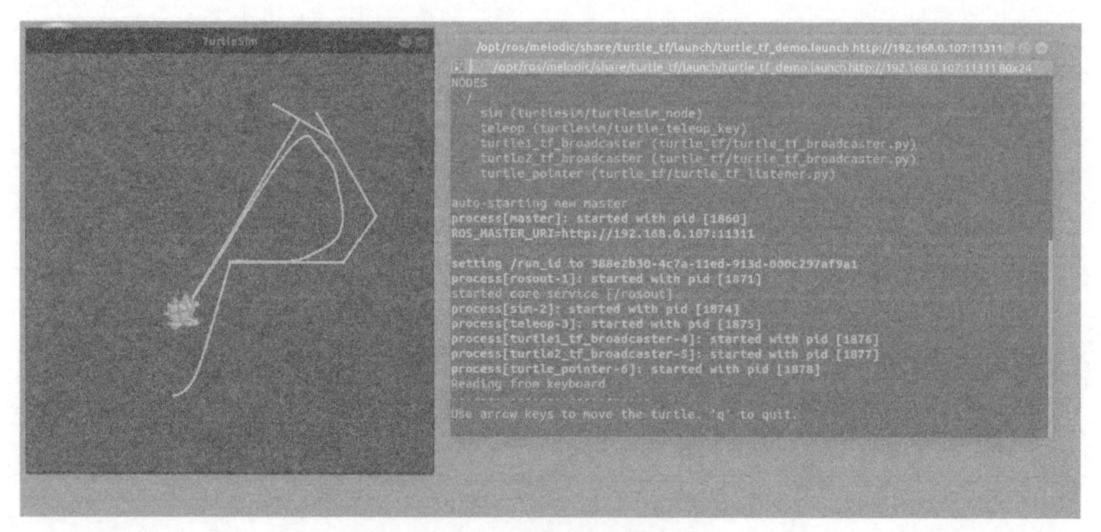

图 4-4　小海龟跟随效果

可以发现，出现了两只小海龟，使用键盘方向键控制一只小海龟移动，另一只小海龟会跟随移动。

运行：

rosrun rqt_tf_tree rqt_tf_tree

查看 TF 树如图 4-5 所示。

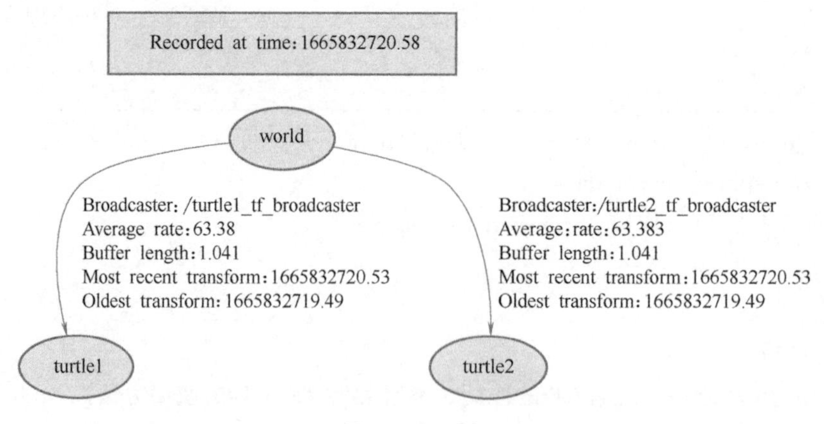

图 4-5　TF 树

如图 4-5 所示，当前系统中存在 3 个坐标系：世界坐标系 world、小海龟坐标系 turtle1 和小海龟坐标系 turtle2。世界坐标系是该系统的基础坐标系，其他坐标系都相对该坐标系建立，所以 world 是 TF 树的根节点，而两个小海龟坐标系的原点就是小海龟在世界坐标系下的坐标位置。

可以通过如下命令查看两个小海龟坐标系之间的变换关系，运行界面如图 4-6 所示。

```
$rosrun tf tf_echo turtle1 turtle2
```

```
bingda@ubuntu:~$ rosrun tf tf_echo turtle1 turtle2
At time 1665833260.417
- Translation: [0.005, -0.025, 0.000]
- Rotation: in Quaternion [0.000, 0.000, 0.771, 0.636]
            in RPY (radian) [0.000, -0.000, 1.762]
            in RPY (degree) [0.000, -0.000, 100.939]
At time 1665833261.121
- Translation: [0.003, -0.018, 0.000]
- Rotation: in Quaternion [0.000, 0.000, 0.771, 0.636]
            in RPY (radian) [0.000, -0.000, 1.762]
            in RPY (degree) [0.000, -0.000, 100.939]
At time 1665833262.113
- Translation: [-0.467, 0.002, 0.000]
- Rotation: in Quaternion [0.000, 0.000, 0.332, 0.943]
            in RPY (radian) [0.000, -0.000, 0.678]
            in RPY (degree) [0.000, -0.000, 38.831]
At time 1665833263.121
- Translation: [-0.888, -0.582, 0.000]
- Rotation: in Quaternion [0.000, 0.000, 0.388, 0.922]
            in RPY (radian) [0.000, -0.000, 0.796]
            in RPY (degree) [0.000, -0.000, 45.606]
At time 1665833264.113
- Translation: [-0.829, -1.214, 0.000]
- Rotation: in Quaternion [0.000, 0.000, 0.477, 0.879]
            in RPY (radian) [0.000, -0.000, 0.993]
            in RPY (degree) [0.000, -0.000, 56.916]
```

图 4-6　两个小海龟坐标系之间的变换关系运行界面

接下来用代码来实现小海龟跟随的效果。

首先，需要创建 TF 广播器，并创建一个节点，主要用于发布小海龟坐标系与世界坐标系之间的 TF 变换。turtle_tf_broadcaster. cpp 内容如下：

```
#include <ros/ros.h>
#include <tf/transform_broadcaster.h>
#include <turtlesim/Pose.h>
std::string turtle_name;
void poseCallback(const turtlesim::PoseConstPtr& msg)
{
    // TF 广播器
    static tf::TransformBroadcaster br;
    // 根据小海龟当前的位姿,设置相对于世界坐标系的坐标变换
    tf::Transform transform;
    //设置平移变换
    transform.setOrigin( tf::Vector3(msg->x,msg->y,0.0));
    tf::Quaternion q;
    q.setRPY(0,0,msg->theta);
    //设置旋转变换
    transform.setRotation(q);
    // 将坐标变换插入 TF 树并发布坐标变换
    br.sendTransform(tf::StampedTransform(transform, ros::Time::now(), "world",
turtle_name));
}
```

```
int main(int argc, char** argv)
{
    // 初始化节点
    ros::init(argc, argv, "my_tf_broadcaster");
    if (argc!= 2)
    {
        ROS_ERROR("need turtle name as argument");
        return -1;
    };
    turtle_name = argv[1];
    // 订阅小海龟的 pose 信息
    ros::NodeHandle node;
    ros::Subscriber sub = node.subscribe(turtle_name+"/pose", 10, &poseCallback);
    ros::spin();
    return 0;
};
```

然后，创建 TF 监听器。具体步骤是：创建一个节点，主要用于监听 TF 消息，从中获取 turtle2 相对于 turtle1 的坐标系的变化，从而控制 turtle2 的移动。turtle_tf_listener.cpp 内容如下：

```
#include <ros/ros.h>
#include <tf/transform_listener.h>
#include <geometry_msgs/Twist.h>
#include <turtlesim/Spawn.h>

int main(int argc, char** argv)
{
    // 初始化节点
    ros::init(argc, argv, "my_tf_listener");

    ros::NodeHandle node;

    // 通过服务调用产生 turtle2
    ros::service::waitForService("spawn");
    ros::ServiceClient add_turtle =
    node.serviceClient<turtlesim::Spawn>("spawn");
    turtlesim::Spawn srv;
    add_turtle.call(srv);

    // 定义 turtle2 的速度控制发布器
    ros::Publisher turtle_vel =
```

```
    node.advertise<geometry_msgs::Twist>("turtle2/cmd_vel", 10);

    // TF 监听器
    tf::TransformListener listener;
        //监听器会自动接收 TF 树的消息,并且缓存 10s
    ros::Rate rate(10.0);
    while (node.ok())
    {
        tf::StampedTransform transform;
        try
        {
            // 查找 turtle2 与 turtle1 的坐标变换
            listener.waitForTransform("/turtle2", "/turtle1", ros::Time(0), ros::
Duration(3.0));
            listener.lookupTransform("/turtle2", "/turtle1", ros::Time(0), trans-
form);
        }
        catch (tf::TransformException &ex)
        {
            ROS_ERROR("%s",ex.what());
            ros::Duration(1.0).sleep();
            continue;
        }

        // 根据 turtle1 和 turtle2 之间的坐标变换,计算 turtle2 需要运动的线速度和角速度
        // 发布速度控制指令,使 turtle2 向 turtle1 移动
        geometry_msgs::Twist vel_msg;
        vel_msg.angular.z = 4.0 *  atan2(transform.getOrigin().y(),
                                  transform.getOrigin().x());
        vel_msg.linear.x = 0.5 *  sqrt(pow(transform.getOrigin().x(),2)+
                                 pow(transform.getOrigin().y(),2));
        turtle_vel.publish(vel_msg);

        rate.sleep();
    }
    return 0;
};
```

最后，实现小海龟跟随运动，还需要编写 start_demo_with_listener.launch 文件，文件内容如下：

```
<launch>
   <! --小海龟仿真器 -->
```

```
    <node pkg="turtlesim" type="turtlesim_node" name="sim"/>
    <! --键盘控制 -->
    <node pkg = "turtlesim" type = "turtle_teleop_key" name = "teleop" output =
"screen"/>
    <! --两只小海龟的 TF 广播 -->
    <node pkg="learning_tf" type="turtle_tf_broadcaster"
        args="/turtle1" name="turtle1_tf_broadcaster" />
    <node pkg="learning_tf" type="turtle_tf_broadcaster"
        args="/turtle2" name="turtle2_tf_broadcaster" />
    <! --监听 TF 广播,并且控制 turtle2 移动 -->
    <node pkg="learning_tf" type="turtle_tf_listener"
        name="listener" />
    </launch>
```

此时可以运行如下命令：

```
$roslaunch learning_tf start_demo_with_listener.launch
```

打开键盘控制节点，可以按方向键观察程序执行的效果。

总结评价

1. 工作计划表

序号	工作内容	计划完成时间	完成情况自评	教师评价

2. 任务实施记录及改善意见

____

____

____

拓展练习

这里进一步熟悉 TF 工具。

1）利用 view_frames 工具监听当前时刻所有通过 ROS 广播的 TF 坐标系，并绘制树状图来表示坐标系之间的连接关系，保存到离线文件中：

```
$rosrun tf view_frames
```

2）虽然 view_frames 能够将当前坐标系关系保存在离线文件中，但是无法实时反映坐标关系，可以用 rqt_tf_tree 工具实时显示坐标系关系：

```
$rosrun rqt_tf_tree rqt_tf_tree
```

3）直接在终端利用 tf_echo 工具显示不同坐标系之间的关系：

```
$rosrun tf tf_echo [reference_frame] [target_frame]
```

4）使用 tf_echo 工具可以查看两个广播参考系之间的关系。

```
$rosrun tf tf_echo turtle1 turtle2
```

任务 3　QT 工具箱的应用

任务目标

任务名称	QT 工具箱的应用
任务描述	掌握 ROS 中 QT 工具箱的概念及使用方法
预习要点	1）QT 工具箱的概念 2）常用的 QT 工具功能
材料准备	PC（Ubuntu 系统或安装 Ubuntu 系统的虚拟机）
参考学时	1

预备知识

ROS 针对机器人开发提供了一系列可视化的工具，这些工具的集合就是 QT 工具箱。若安装的是 desktop-full 版本，就会自带工具箱；如果不是，则可以通过命令进行安装。

QT 工具箱包含如下 4 个工具：

1）日志输出工具——rqt_console。

2）计算图可视化工具——rqt_graph。

3）数据绘图工具——rqt_plot。

4）参数动态配置工具——rqt_reconfigure。

1. 日志输出工具——rqt_console

日志输出工具用于输出日志内容（Message）、日志级别（Severity）、节点（Node）、时间戳（Stamp）、话题（Topics）和位置（Location）等信息。

2. 计算图可视化工具——rqt_graph

计算图是 ROS 处理数据的一种点对点的网络形式。程序运行时，所有进程及它们所进行的数据处理都会通过一种点对点的网络形式表现出来，即通过节点、节点管理器、话题和服务等进行表现。

3. 数据绘图工具——rqt_plot

该工具可用于观察变量随时间的变化趋势线，可认为是一个虚拟示波器。

4. 参数动态配置工具——rqt_reconfigure

该工具可动态地调整、设置正在运行的节点的参数值（它们不仅允许用户在启动时修改变量，还能在运行过程中修改变量）。通过动态重配置，用户可以更加高效地开发和测试节点，特别是机器人硬件调试时，使用动态重配置参数是一个很不错的选择。

任务实践

这里以 turtlesim 为示例来说明 QT 工具的相关命令，并观察实际运行效果。

启动 turtlesim，在 3 个不同的终端中分别执行以下指令：

```
$roscore
$rosrun turtlesim turtlesim_node
$rosrun turtlesim turtle_teleop_key
```

1. 日志输出工具

执行日志输出工具的命令如下：

```
$rqt_console
```

操作键盘，当仿真小海龟撞到边界时，输出警告日志，如图 4-7 所示。

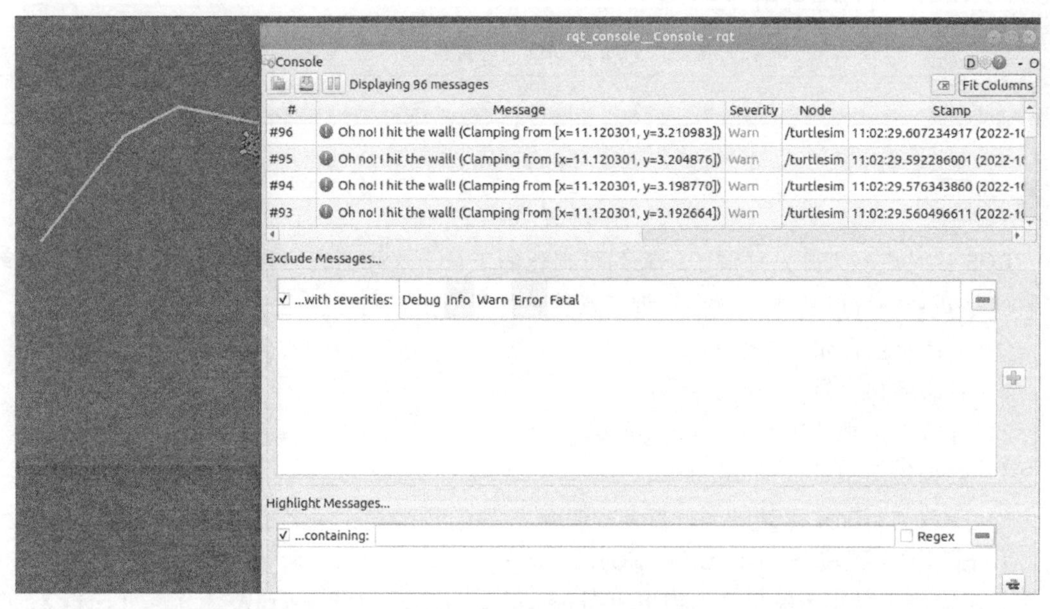

图 4-7　小海龟撞到边界时输出的警告日志

2. 计算图可视化工具

运行任务 2 中的小海龟跟随程序之后，执行计算图可视化工具命令：

```
$rqt_graph
```

可以清晰地看到该程序运行时，系统里面所有的节点以及相互之间的关系图形如图 4-8 所示。

rqt_graph 还有其他选项来微调显示的计算图，比如左上角的下拉选项以及复选框选项等。图 4-9 所示为显示所有话题信息的 rqt_graph 配置更新界面，相较于图更为直观。

3. 数据绘图工具（rqt_plot）

rqt_plot 是一个二维数值曲线绘制工具，可以将需要显示的数据在 xy 坐标系中使用曲线描绘。使用如下命令即可启动该工具：

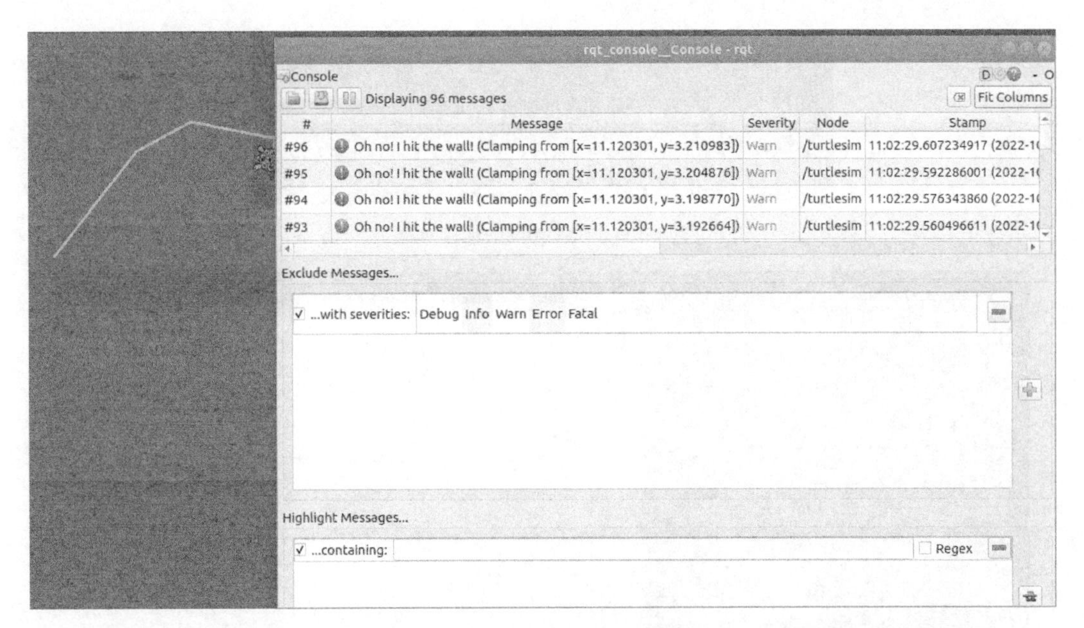

图 4-8 计算图可视化节点关系

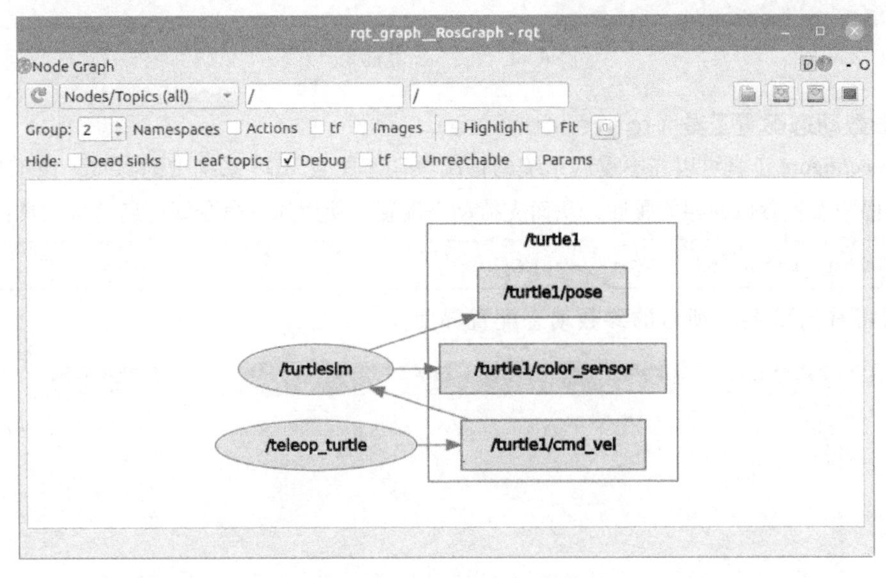

图 4-9 rqt_graph 配置更新界面

```
$rqt_plot
```

然后在界面上方的 Topic 输入框中输入需要显示的话题消息。如果不确定话题名称，可以在终端中使用“rostopic list”命令查看。

以小海龟程序为例，打开小海龟节点后，在 rqt_plot 工具中输入话题名称，按<Enter>键即可。其中，红色的减号可用于选择性删除显示的话题曲线。绿色的加号可用于查看所有打开的话题，输入 rostopic list，显示的话题列表如图 4-10 所示。

切换到键盘操作界面，当小海龟运动之后，可以看到/turtle1/pose 界面发生变化，如图 4-11 所示。

```
nj@nj-pc:~$ rostopic list
/rosout
/rosout_agg
/turtle1/cmd_vel
/turtle1/color_sensor
/turtle1/pose
```

图 4-10　小海龟示例话题列表

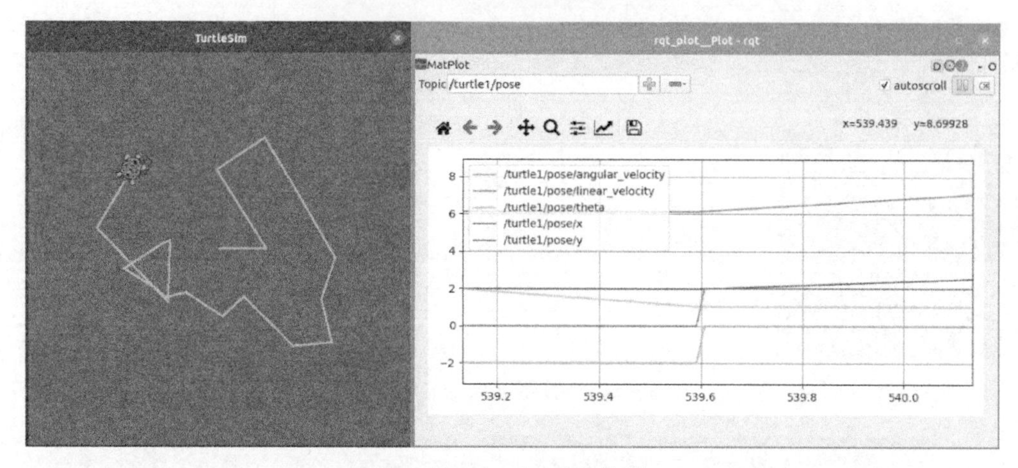

图 4-11　rqt_plot 界面示例

4. 参数动态配置工具（rqt_reconfigure）

rqt_reconfigure 工具可以在不重启系统的情况下动态配置 ROS 系统中的参数，该工具的使用需要在代码中设置参数的相关属性，从而支持动态配置。使用如下命令即可启动该工具：

```
$ rosrun rqt_reconfigure rqt_reconfigure
```

此时将看到图 4-12 所示的参数动态配置界面。

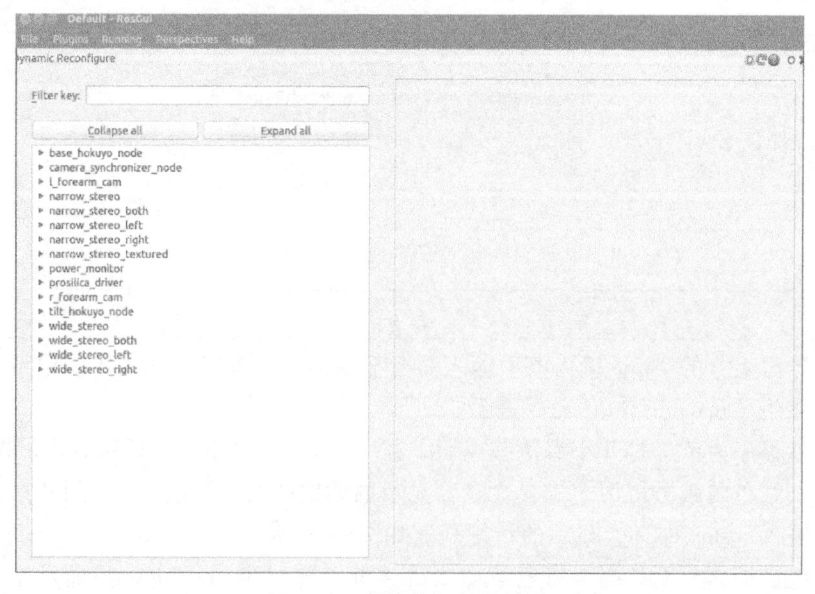

图 4-12　参数动态配置界面

在图 4-13 中，可以选择任何左侧节点以对其进行重新配置。

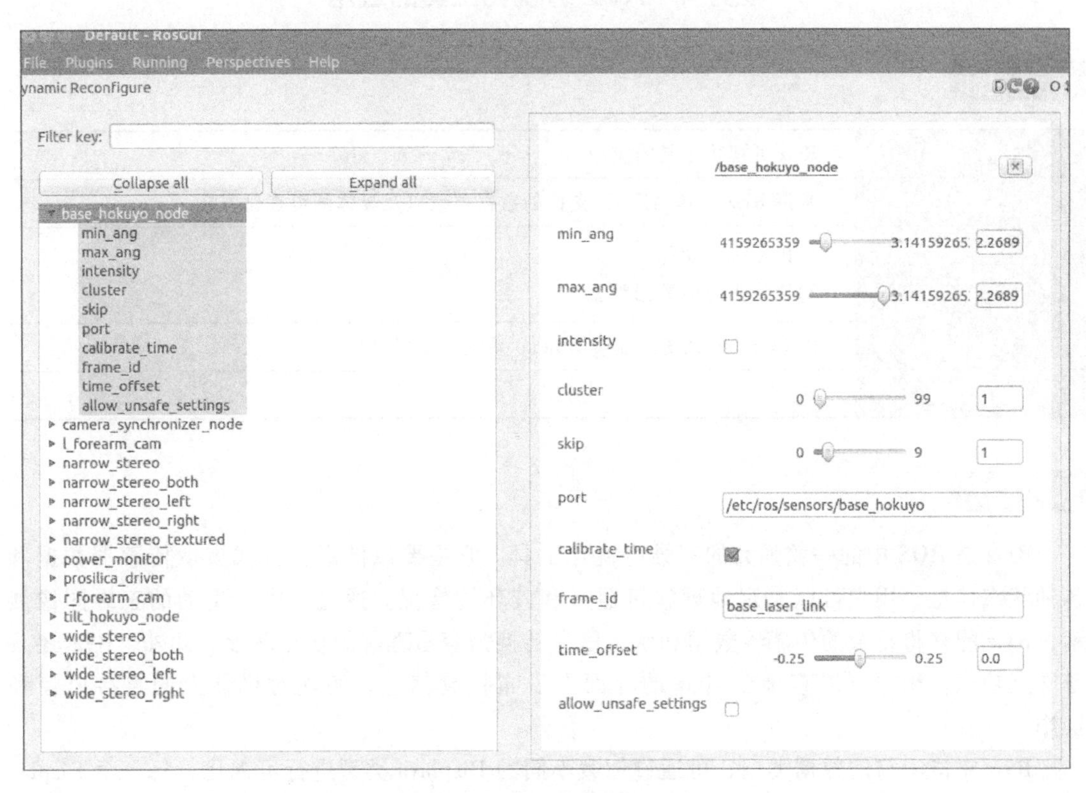

图 4-13 参数动态调整界面

总结评价

1. 工作计划表

序号	工作内容	计划完成时间	完成情况自评	教师评价

2. 任务实施记录及改善意见

____

____

____

拓展练习

结合小海龟运动程序，使用 dynamic_reconfigure 来动态更新节点参数，包括小海龟的运动线速度和角速度等。

任务4 Rviz 可视化工具的应用

任务目标

任务名称	Rviz 可视化工具的应用
任务描述	掌握 Rviz 工具的定义、支持的数据类型以及具体的可视化方法
预习要点	1)Rviz 工具功能 2)Rviz 支持的数据类型
材料准备	PC(Ubuntu 系统或安装 Ubuntu 系统的虚拟机)
参考学时	1

预备知识

Rviz 是 ROS 中的一款强大的三维可视化工具。它主要以图形化方式展示传感器数据和各种状态信息，用户可以直观地理解机器人和其环境情况。通过清晰、生动的三维图像展示，Rviz 能够将复杂的传感器数据和状态信息转换为容易理解的视觉图形。此外，Rviz 还具备交互功能。用户可以直接在 Rviz 的界面上发布控制信息，实现对机器人的直接监控和操作。

Rviz 支持丰富的数据类型，可通过加载不同的 Displays 类型进行可视化，每一个 Display 都有一个独特的名字。

常用的数据类型和消息类型见表 4-3。

表 4-3 常用的数据类型和消息类型

类型	描述	消息类型
Axes	显示坐标系	—
Markers	绘制各种基本形状(箭头、立方体、球体、圆柱体和点等)	visualization_msgs::Marker visualization_msgs::MarkerArray
Camera	打开一个新窗口来显示摄像头图像	sensor_msgs/Image sensor_msgs/CameraInfo
Grid	显示网格	—
Image	打开一个新窗口来显示图像信息	sensor_msgs/Image
LaserScan	将传感器信息中的数据显示为世界坐标系上的点,绘制为点或立方体	sensor_msgs/LaserScan
PointCloud	显示点云数据	sensor_msgs/PointCloud
Odomerty	显示里程计数据	nav_msgs/Odometry
PointCloud2	显示点云数据	sensor_msgs/PointCloud2
RobotModel	显示机器人模型	—
TF	显示 TF 树	—

Rviz 的默认界面如图 4-14 所示。

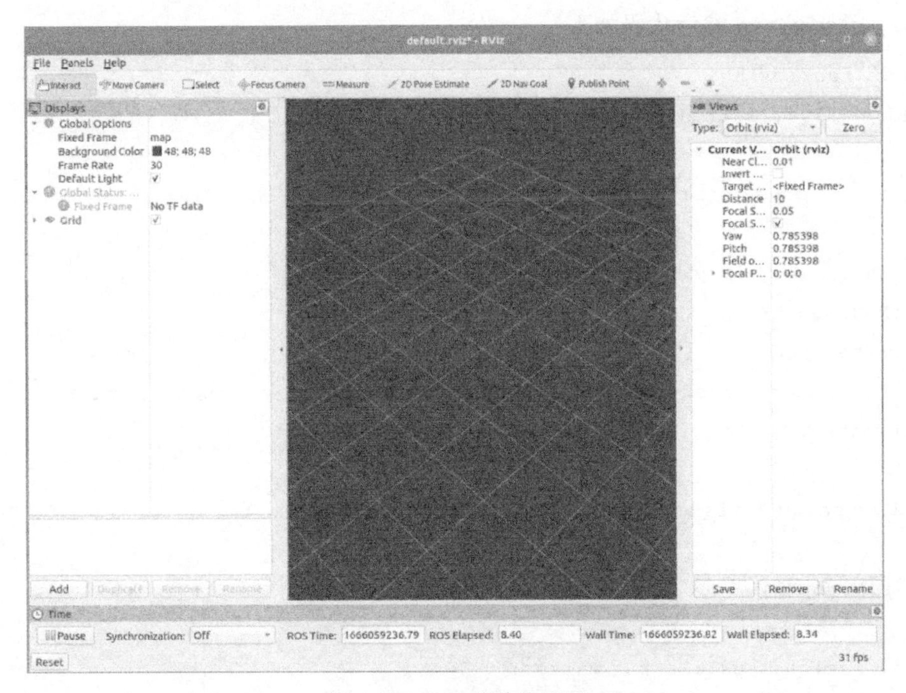

图 4-14　Rviz 的默认界面

Rviz 界面的左侧区域包含一系列的可视化插件及其属性。这些插件的主要用途是查看 ROS 消息，并以可视化的方式显示出来。消息可以是一些传感器数据，如摄像头的图像、3D 点云和激光雷达，也可以是机器人模型、TF 等数据。

Rviz 工具条中有一些工具可以用来操纵 3D 视角，比如可以展示机器人模型的关系，调整机器人视角，设置导航目标，设置机器人 2D 位置估计等。

视图面板一般放置在 Rviz 的右侧区域。通过使用视图面板，用户可以保存不同的 3D 视角，并通过加载保存的设置信息来切换不同的视角。如果在 Rviz 中运行仿真，则会使用时间面板，也可以通过这个面板初始化 Rviz 设置。

任务实践

1）在安装 ROS 时，如果执行的是完全安装，则 Rviz 默认已经安装好了；如果没有完全安装，则可单独安装 Rviz。

```
$ sudo apt-get install ros-noetic-rviz
```

2）安装完成后，打开 Rviz：

```
$ rosrun rviz rviz　或　rviz
```

3）发送基础形状至 Rviz。

① 创建程序包：

```
$ catkin_create_pkg using_markers roscpp visualization_msgs
```

② 创建节点：

```
$ touch basic_shapes.cpp
```

basic_ shapes. cpp 参考代码如下：

```
#include <ros/ros.h>
#include <visualization_msgs/Marker.h>

int main( int argc, char** argv )
{
  ros::init(argc, argv, "basic_shapes");
  ros::NodeHandle n;
  ros::Rate r(1);
  ros::Publisher marker_pub = n.advertise<visualization_msgs::Marker>("visual-
ization_marker", 1);

  uint32_t shape = visualization_msgs::Marker::CUBE;

while (ros::ok())
{
  visualization_msgs::Marker marker;

  marker.header.frame_id = "my_frame";
  marker.header.stamp = ros::Time::now();

  marker.ns = "basic_shapes";
  marker.id = 0;

  marker.type = shape;

  marker.action = visualization_msgs::Marker::ADD;

  marker.pose.position.x = 0;
  marker.pose.position.y = 0;
  marker.pose.position.z = 0;
  marker.pose.orientation.x = 0.0;
  marker.pose.orientation.y = 0.0;
  marker.pose.orientation.z = 0.0;
  marker.pose.orientation.w = 1.0;

  marker.scale.x = 1.0;
  marker.scale.y = 1.0;
  marker.scale.z = 1.0;

  marker.color.r = 0.0f;
```

```
  marker.color.g = 1.0f;
  marker.color.b = 0.0f;
  marker.color.a = 1.0;

  marker.lifetime = ros::Duration();

  while (marker_pub.getNumSubscribers()< 1)
  {
  if (!ros::ok())
  {
    return 0;
    }
    ROS_WARN_ONCE("Please create a subscriber to the marker");
    sleep(1);
  }
  marker_pub.publish(marker);

  r.sleep();
 }
}
```

③ 编辑 CMakeLists. txt 文件。编辑 using_markers package 中的 CMakeLists. txt 文件，在最后面增加下面的内容：

```
add_executable(basic_shapes src/basic_shapes.cpp)
target_link_libraries(basic_shapes ${catkin_LIBRARIES})
```

④ 编译源代码：

```
$ catkin_make
```

⑤ 运行节点：

```
$ rosrun using_markers basic_shapes
```

⑥ 启动 Rviz：

```
$ rosrun using_markers basic_shapes
```

设置 Fixed Frame 为 my_frame，然后单击 Add 按钮，添加一个 Markers，这时可以看到 Rviz 显示区域出现了代码中设置的形状，如图 4-15 所示。

4）小海龟跟随示例中的 Rviz 查看坐标关系。

参考任务 2，运行下方的命令，启动范例和键盘控制命令：

```
$ roslaunch turtle_tf turtle_tf_demo.launch
$ rosrun turtlesim turtle_teleop_key
```

接下来在 terminal 中输入 Rviz，可视化查看二者的坐标关系。具体步骤如下：

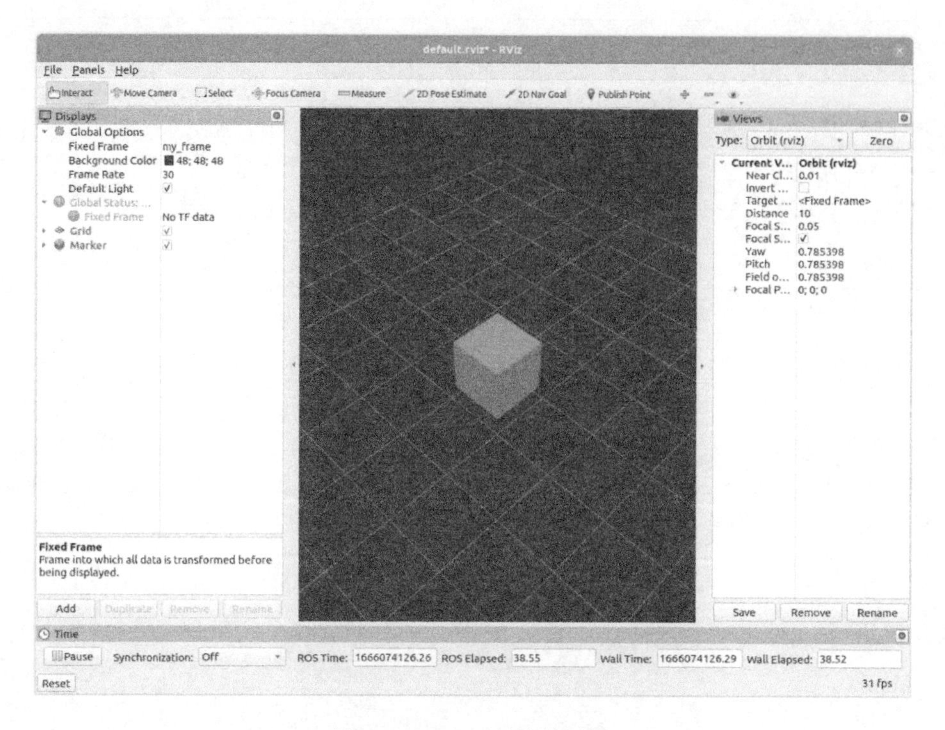

图 4-15 Rviz 显示简单图形

1）修改 Fixed Frame 为 world，如图 4-16 所示。

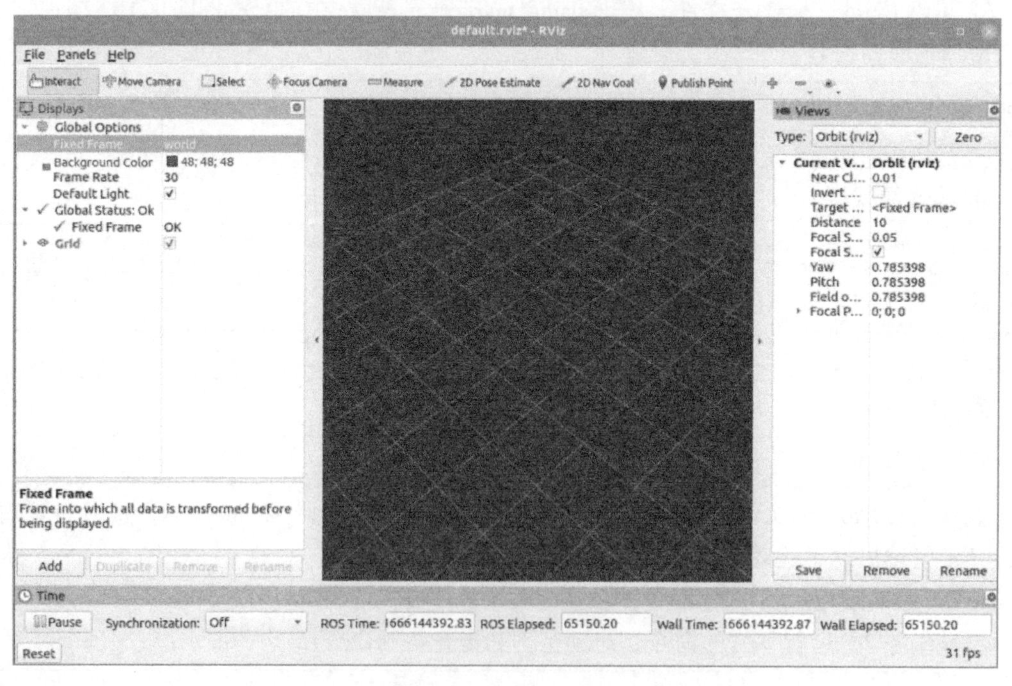

图 4-16 修改 Fixed Frame 为 world 的界面

2）添加 3 个坐标系和 1 个 TF，如图 4-17 所示。

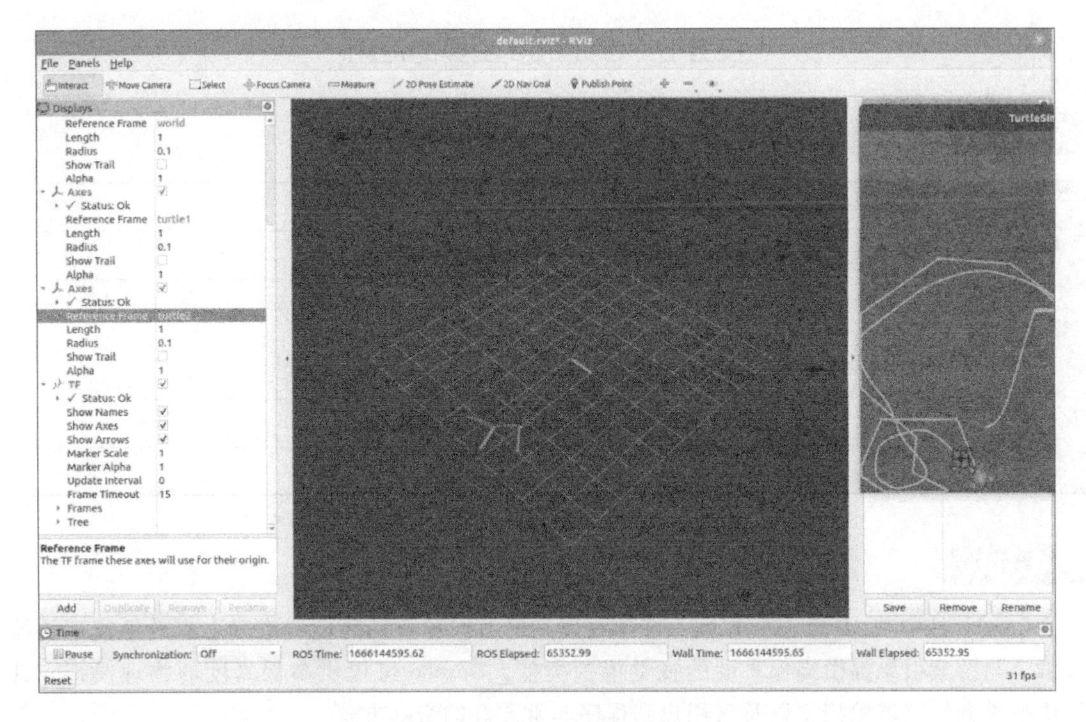

图 4-17　添加相关参数的界面

之后可以打开键盘控制小海龟移动，观察 Rviz 里面的坐标系变化情况和小海龟的移动情况，将小海龟移到中间栅格的世界坐标系，不难发现，世界坐标系对应的是海龟界面的左下角。

总结评价

1. 工作计划表

序号	工作内容	计划完成时间	完成情况自评	教师评价

2. 任务实施记录及改善意见

拓展练习

了解 TurtleBot 3 机器人平台，下载机器人模型，调用 Rviz 工具显示该模型。

任务 5　Gazebo 工具的应用

任务目标

任务名称	Gazebo 工具的应用
任务描述	掌握 Gazebo 工具的定义、典型用途和主要特点
预习要点	1) Gazebo 定义 2) Gazebo 界面 3) Gazebo 使用方法
材料准备	PC(Ubuntu 系统或安装 Ubuntu 系统的虚拟机)
参考学时	1

预备知识

Gazebo 是一款 3D 动态模拟器，能够在复杂的室内和室外环境中准确、有效地模拟机器人群。与游戏引擎提供高保真度的视觉模拟类似，Gazebo 可提供高保真度的物理模拟，其提供一整套传感器模型，以及对用户和程序非常友好的交互方式。

Gazebo 的典型用途包括：测试机器人算法，设计机器人，用现实场景进行回归测试等。Gazebo 的主要特点是：包含多个物理引擎，拥有丰富的机器人模型和环境库，包含各种各样的传感器，程序设计方便并具有简单的图形界面等。

Gazebo 官方建议：目前最好在 Ubuntu 或者其他的 Linux 发行版上运行 Gazebo。同时计算机需要具有以下功能：专用 GPU、Intel I5 或同等产品的 CPU、至少 500MB 的可用磁盘空间、安装尽可能高版本的 Ubuntu Trusty。

在安装 ROS 时就已经安装了 Gazebo，使用以下命令可检查是否安装成功：

```
$ roslaunch gazebo_ros empty_world.launch
```

Gazebo 支持 urdf/sdf 格式的文件，它们均用于描述仿真环境。官方也提供了一些集成好的常用的模型模块，可以直接导入使用。模型的下载网址为 https://github.com/osrf/gazebo_models。

接下来介绍 Gazebo 的界面。

1. 场景（Scene）

场景是模拟器中最大的部分，是仿真模型显示的地方。如图 4-18 所示，用户可以在这里操作仿真对象，使其与环境进行交互。

2. 面板（Panel）

Gazebo 界面的面板分为左、右两侧，可以根据需要把两侧的面板设置为显示、隐藏或调整它的大小。

（1）左侧面板　启动 Gazebo 时，默认情况下会显示左侧面板。面板中有如下 3 个选项卡：

1）World：该选项卡显示当前场景中的模型，并允许用户查看和修改模型参数，如它们的姿势。用户也可以通过展开“GUI”选项并调整相机姿势来更改相机视角。

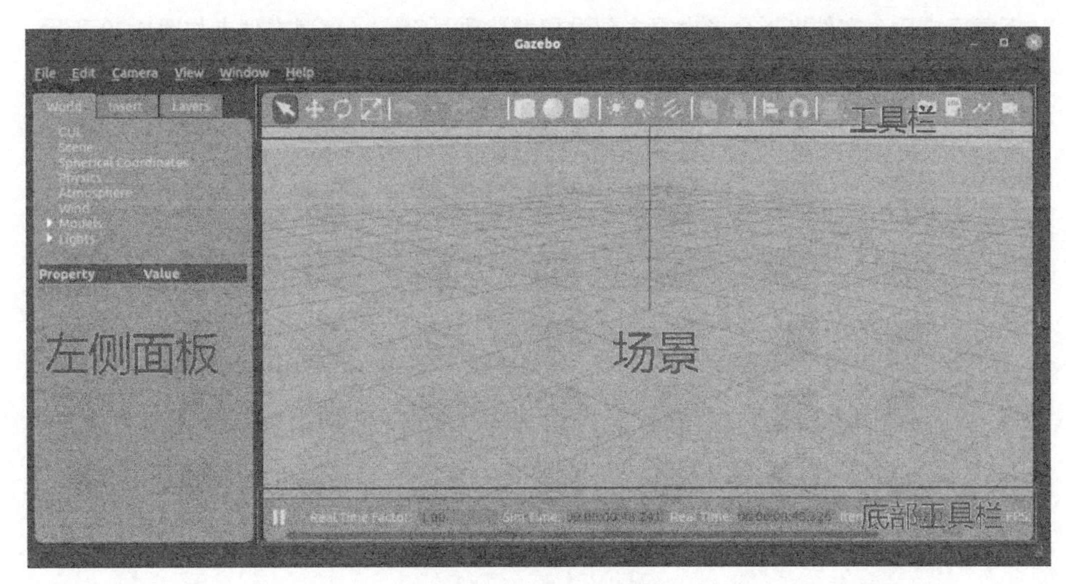

图 4-18 Gazebo 界面示意

2）Insert：该选项卡可向仿真场景中添加新对象（模型）。要查看模型列表，需要单击箭头展开文件夹。单击（并释放）要插入的模型，然后在场景中再次单击以添加它。

3）Layers：该选项卡组织并显示仿真中可用的不同可视化组（如果有）。一个图层可以包含一个或多个模型。打开或关闭图层将显示或隐藏该图层中的模型。这是一个可选功能，在大多数情况下，此选项卡为空。

（2）右侧面板　默认情况下，右侧面板处于隐藏状态。右侧面板可用于与选定模型的移动部件交互。如果场景中没有选择模型，则面板将不显示任何信息。

3. 工具栏（Toolbars）

Gazebo 界面有两个工具栏，一个位于场景上方，另一个位于下方。

顶部工具栏为主工具栏，包含一些与模拟器交互时常用的选项，如选择、移动、旋转和缩放，创建简单形状（如立方体、球体和圆柱体）以及复制/粘贴操作。

底部工具栏显示有关仿真的数据，如仿真时间（Simulation Time）及其与真实时间（Real Time）的关系。仿真时间和真实时间的比率称为实时因子。世界状态每迭代一次就更新一次。用户可以在底部工具栏的右侧看到迭代次数。

任务实践

1. 下载模型，Gazebo 显示机器人模型文件

创建 models 文件夹：

```
$ cd ~/.gazebo/
$ mkdir -p models
```

./gazebo 文件夹默认被隐藏，需要按<Ctrl+H>组合键才能看到被隐藏的文件。

下载模型：

```
$ cd models
$ git clone https://github.com/osrf/gazebo_models.git
```

下载完成后，文件夹下会多出很多预设模型选项。Gazebo 模型文件夹如图 4-19 所示。

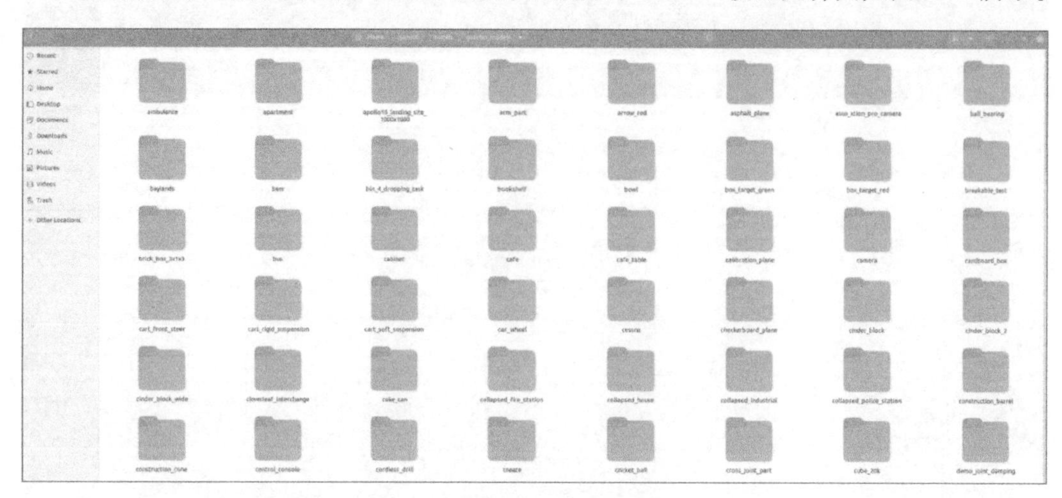

图 4-19　Gazebo 模型文件夹

打开 Gazebo，在 Insert 面板中选择模型导入。如图 4-20 所示，从左侧列表中可以查看不同模型的呈现效果。

图 4-20　查看 Gazebo 预设模型效果

2. 创建简单模型，并加载到 Gazebo 中显示

创建自己的模型，并加载到 Gazebo 中显示的步骤如下：

1）新建工程，将功能包的路径位置加入环境变量 ROS_PACKAGE_PATH 中。

2）新建 .xacro 模型信息文件并编辑内容。

3）新建 .world 文件并编辑内容。

4）新建 .launch 文件并编辑内容。

接下来分步骤进行实现，模型仿真部分将在下个项目详细讲解。读者在本任务中无须过多关心具体的理论和规范，直接进行应用即可。

1）新建工程，将功能包的路径位置加入环境变量 ROS_PACKAGE_PATH 中：

```
$ roscreate-pkg gazebo_test urdf xacro
$ export ROS_PACKAGE_PATH=$ROS_PACKAGE_PATH:/your_path/gazebo_test
```

2）新建 . xacro 模型信息文件并编辑内容。

创建文件夹：

```
$ mkdir -p gazebo_test/urdf
```

在 urdf 文件夹下编辑 robot1. xacro 文件：

```
<? xml version="1.0"? >
<robot xmlns:xacro="http://www.ros.org/wiki/xacro"
  xmlns:sensor="http://playerstage.sourceforge.net/gazebo/xmlschema/#sensor"
     xmlns: controller = " http://playerstage.sourceforge.net/gazebo/xmlschema/#
controller"
    xmlns:interface="http://playerstage.sourceforge.net/gazebo/xmlschema/#in-
terface"
name="robot1">

<xacro:property name="length_wheel" value="0.05" />
<xacro:property name="radius_wheel" value="0.05" />
<xacro:macro name="default_inertial" params="mass">
      <inertial>
           <mass value="${mass}" />
           <inertial ixx="1.0" ixy="0.0" ixz="0.0"
                iyy="1.0" iyz="0.0"
                izz="1.0" />
      </inertial>
</xacro:macro>

<link name="base_footprint">
  <visual>
    <geometry>
        <box size="0.001 0.001 0.001"/>
      </geometry>
    <origin rpy="0 0 0" xyz="0 0 0"/>
  </visual>
  <xacro:default_inertial mass="0.0001"/>
</link>

<gazebo reference="base_footprint">
  <material>Gazebo/Green</material>
```

```
  <turnGravityOff>false</turnGravityOff>
</gazebo>

<joint name="base_footprint_joint" type="fixed">
  <origin xyz="0 0 0" />
  <parent link="base_footprint" />
  <child link="base_link" />
</joint>

<link name="base_link">
  <visual>
    <geometry>
        <box size="0.2 .3 .1"/>
    </geometry>
  <origin rpy="0 0 1.54" xyz="0 0 0.05"/>
  <material name="white">
    <color rgba="1 1 1 1"/>
    </material>
  </visual>
  <collision>
    <geometry>
      <box size="0.2 .3 0.1"/>
    </geometry>
  </collision>
  <xacro:default_inertial mass="10"/>
</link>

<link name="wheel_1">
  <visual>
    <geometry>
      <cylinder length="${length_wheel}" radius="${radius_wheel}"/>
      </geometry>
      <!--<origin rpy="0 1.5 0" xyz="0.1 0.1 0"/>-->
    <origin rpy="0 0 0" xyz="0 0 0"/>
    <material name="black">
      <color rgba="0 0 0 1"/>
    </material>
  </visual>
  <collision>
    <geometry>
      <cylinder length="${length_wheel}" radius="${radius_wheel}"/>
    </geometry>
```

```
  </collision>
  <xacro:default_inertial mass="1"/>
</link>

<link name="wheel_2">
<visual>
      <geometry>
        <cylinder length="${length_wheel}" radius="${radius_wheel}"/>
      </geometry>
      <!--<origin rpy="0 1.5 0" xyz="-0.1 0.1 0"/>-->
      <origin rpy="0 0 0" xyz="0 0 0"/>
      <material name="black"/>
  </visual>
  <collision>
    <geometry>
      <cylinder length="${length_wheel}" radius="${radius_wheel}"/>
    </geometry>
  </collision>
  <xacro:default_inertial mass="1"/>

</link>

<link name="wheel_3">
  <visual>
    <geometry>
      <cylinder length="${length_wheel}" radius="${radius_wheel}"/>
    </geometry>
    <!--<origin rpy="0 1.5 0" xyz="0.1-0.1 0"/>-->

    <origin rpy="0 0 0" xyz="0 0 0"/>
    <material name="black"/>
    </visual>
    <collision>
      <geometry>
        <cylinder length="${length_wheel}" radius="${radius_wheel}"/>
    </geometry>
  </collision>
  <xacro:default_inertial mass="1"/>
</link>

<link name="wheel_4">
    <visual>
```

```
      <geometry>
        <cylinder length="${length_wheel}" radius="${radius_wheel}"/>
      </geometry>
    <!--    <origin rpy="0 1.5 0" xyz="-0.1 -0.1 0"/>-->
    <origin rpy="0 0 0" xyz="0 0 0" />
    <material name="black"/>
  </visual>
  <collision>
    <geometry>
      <cylinder length="${length_wheel}" radius="${radius_wheel}"/>
    </geometry>
  </collision>
  <xacro:default_inertial mass="1"/>

</link>

<joint name="base_to_wheel1" type="continuous">
  <parent link="base_link"/>
  <child link="wheel_1"/>
  <origin rpy="1.5707 0 0" xyz="0.1 0.15 0"/>
  <axis xyz="0 0 1" />
  </joint>

<joint name="base_to_wheel2" type="continuous">
  <axis xyz="0 0 1" />
  <anchor xyz="0 0 0" />
  <limit effort="100" velocity="100" />
  <parent link="base_link"/>
  <child link="wheel_2"/>
  <origin rpy="1.5707 0 0" xyz="-0.1 0.15 0"/>
</joint>

<joint name="base_to_wheel3" type="continuous">
  <parent link="base_link"/>
  <axis xyz="0 0 1" />
  <child link="wheel_3"/>
  <origin rpy="1.5707 0 0" xyz="0.1 -0.15 0"/>
</joint>

<joint name="base_to_wheel4" type="continuous">
  <parent link="base_link"/>
  <axis xyz="0 0 1" />
```

```
  <child link="wheel_4"/>
  <origin rpy="1.5707 0 0" xyz="-0.1 -0.15 0"/>
</joint>
</robot>
```

3）新建 . world 文件并编辑内容：

```
$ mkdir -p gazebo_test/worlds
```

在 worlds 文件夹下新建并编辑 robot. world 文件：

```
<? xml version="1.0" ? >
<sdf version="1.4">
  <! --使用了一个自定义世界,以便启动摄像机-->

  <world name="default">
    <include>
      <uri>model://ground_plane</uri>
    </include>

    <! --全局光源-->
    <include>
      <uri>model://sun</uri>
    </include>

    <! --将相机聚焦点调整为轨道俯视视角-->
    <gui fullscreen='0'>
      <camera name='user_camera'>
        <pose>4.927360 -4.376610 3.740080 0.000000 0.275643 2.356190</pose>
        <view_controller>orbit</view_controller>
    </camera>
    </gui>

  </world>
</sdf>
```

. world 文件的参数主要是配置灯光视角的参数。

4）新建 gazebo. launch 文件，内容如下：

```
<? xml version="1.0"? >
<launch>

  <! --待传递给启动文件的参数-->
  <arg name="paused" default="true"/>
  <arg name="use_sim_time" default="false"/>
```

```
  <arg name="gui" default="true"/>
  <arg name="headless" default="false"/>
  <arg name="debug" default="true"/>

  <!--在 empty_world.launch 中只更改要启动的世界名称-->
  <include file="$(find gazebo_ros)/launch/empty_world.launch">
    <arg name="world_name" value="$(find gazebo_test)/worlds/robot.world"/>
    <arg name="debug" value="$(arg debug)" />
    <arg name="gui" value="$(arg gui)" />
    <arg name="paused" value="$(arg paused)"/>
    <arg name="use_sim_time" value="$(arg use_sim_time)"/>
    <arg name="headless" value="$(arg headless)"/>
    </include>

  <!--将 URDF 加载到 ROS 参数服务器-->
  <arg name="model" />
  <param name="robot_description"
    command="$(find xacro)/xacro $(arg model)" />

  <!--运行 Python 脚本,向 gazebo_ros 发送服务调用,以生成 URDF 机器人-->
  <node name="urdf_spawner" pkg="gazebo_ros" type="spawn_model" respawn="
false" output="screen"
  args="-urdf -model robot1 -param robot_description -z 0.05"/>

</launch>
```

通过下述命令加载 .xacro 文件，其中 find gazebo_test 命令可以返回包的绝对路径。

```
$ roslaunch gazebo_test gazebo.launch model:="$(rospack find
gazebo_test)/urdf/robot1.xacro"
```

或者使用绝对路径命令：

```
$ roslaunch gazebo_test gazebo.launch
model:="your_workspace/gazebo_test/urdf/robot1.xacro"
```

此时可以看到显示效果，如图 4-21 所示。

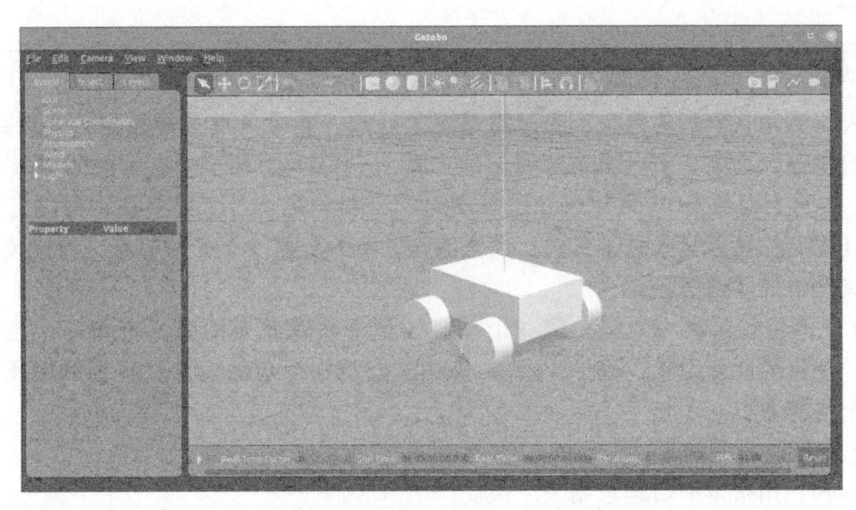

图 4-21 Gazebo 显示的自定义模型

总结评价

1. 工作计划表

序号	工作内容	计划完成时间	完成情况自评	教师评价

2. 任务实施记录及改善意见

拓展练习

自学 ROS 中 urdf 和 sdf 的基本概念，比较 urdf 和 sdf 格式的优缺点及相互转换方法。

任务 6　rosbag 工具的应用

任务目标

任务名称	rosbag 工具的应用
任务描述	掌握 rosbag 工具的定义，以及记录、回放、分析数据的方法
预习要点	1) rosbag 工具的功能 2) rosbag 记录、回放等操作步骤
材料准备	PC(Ubuntu 系统或安装 Ubuntu 系统的虚拟机)
参考学时	1

预备知识

机器人传感器获取到的信息，有时需要实时处理，有时只是采集数据，之后进行分析。关于数据的留存及读取，ROS 提供了专门的工具——rosbag，用于录制和回放 ROS 主题。

rosbag 本质上也是 ROS 的节点。当录制时，rosbag 是一个订阅节点，可以订阅话题消息，并将订阅到的数据写入磁盘文件；当重放时，rosbag 是一个发布节点，可以读取磁盘文件，发布文件中的话题消息。

rosbag 工具可以录制一个包，从一个或多个包中重新发布消息，查看一个包的基本信息，检查一个包的消息定义，基于 Python 表达式过滤一个包的消息，压缩和解压缩一个包及重建一个包的索引。

rosbag 常用的命令如下：

1） record：用指定的话题录制一个包。

2） info：显示一个包的基本信息，比如包含哪些话题。

3） play：回放一个或者多个包。

4） check：检查一个包在当前的系统中是否可以回放和迁移。

5） compress：压缩一个或多个包。

6） decompress：解压缩一个或多个包。

7） reindex：重新索引一个或多个损坏包。

下面分别介绍各个命令的功能，其中，常用的 record、info 及 play 命令需要重点掌握。

1. rosbag record

使用 record 订阅指定主题并生成一个 bag 文件，其中包含有关这些主题的所有消息。常见用法如下：

1） 用指定的话题 topic_names 来录制包：

```
$ rosbag record <topic_names>
```

2） 使用 record-h 查看具体的 record：

```
$ rosbag record-h
```

2. rosbag info

rosbag info 可显示包文件内容的可读摘要，包括开始和结束时间，主题及其类型，消息计数、频率以及压缩统计信息。常见用法如下：

1） 显示一个包的信息：

```
$ rosbag info name.bag
```

2） 使用“-h”命令查看 info 的常用命令。

3. rosbag play

rosbag play 用于读取一个或多个 bag 文件的内容，并以时间同步的方式回放，时间同步基于接收消息的全局时间。回放开始后，会根据相对偏移时间发布消息。

如果同时回放两个单独的 bag 文件，则根据时间戳间隔来播放。在回放过程中，按 <Space>键暂停。回放单个 bag 文件：

```
$ rosbag play record.bag
```

回放多个 bag 文件，基于全局时间戳间隔播放：

```
$ rosbag play record1.bag record2.bag
```

开始播放时立刻暂停，按<Space>键继续：

```
$ rosbag play--pause record.bag
```

以录制的一半频率回放：

```
$ rosbag play-r 0.5--pause record.bag
```

指定回放频率，默认为 100Hz：

```
$ rosbag play--clock--hz=200 record.bag
```

循环播放：

```
$ rosbag play-l record.bag
```

4. rosbag check

检查一个 bag 文件在当前系统中是否可以回放：

```
$ rosbag check xxx.bag
```

5. rosbag compress

如果录制的 bag 文件很大，则可以进行压缩，默认的压缩格式是 bz2：

```
$ rosbag compress xxx.bag
```

6. rosbag decompress

文件压缩完后，需要使用解压缩：

```
$ rosbag decompress xxx.bag
```

如果回放遇到问题，并出现 reindex 提示，那么直接执行即可，此时会自动生成一个原 bag 文件的备份：

```
$ rosbag reindex xxx.bag
```

任务实践

这里使用 ROS 内置的小海龟案例并进行操作，操作过程中使用 rosbag 录制，录制结束后实现重放。

1. 准备

创建目录来保存录制的文件：创建 bags 文件夹（图 4-22）。

```
$ cd
$ mkdir bags
```

2. 运行小海龟程序，新建 3 个终端，分别输入：

```
$ roscore
$ rosrun turtlesim turtlesim_node
$ rosrun turtlesim turtle_teleop_key
```

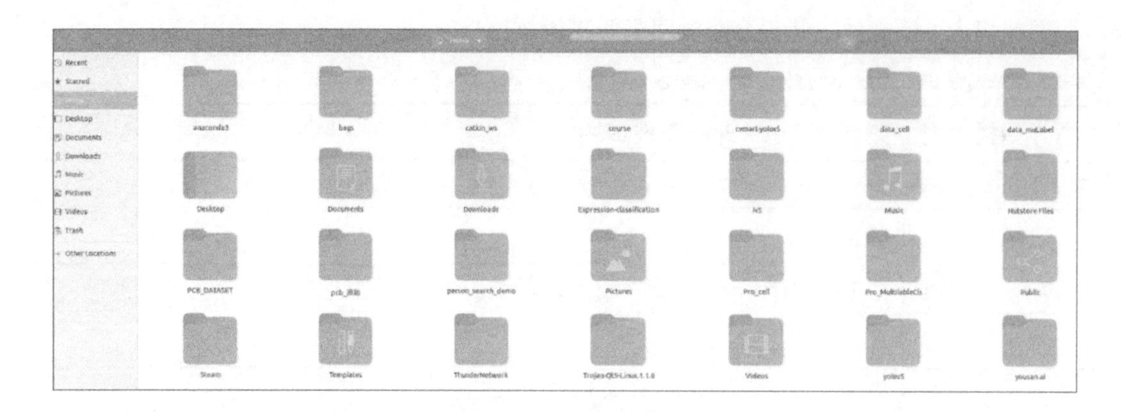

图 4-22　创建 bags 文件夹

运行结果如图 4-23 所示。

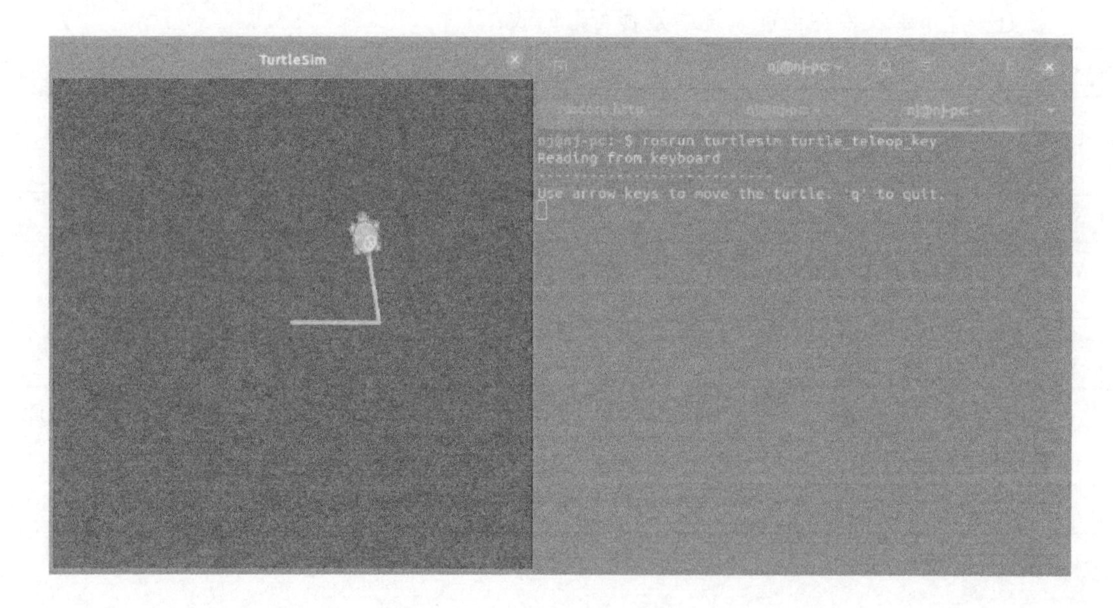

图 4-23　运行小海龟程序的结果

3. 开始录制

开始录制的命令格式为“rosbag record-a-o 目标文件”，例如：

```
$ rosbag record-a-o bags/hello.bag
```

4. 查看文件

通过操作键盘控制小海龟运动一段时间之后，可以通过“rosbag info 文件名”格式的命令查看录制信息，运行结果如图 4-24 所示。

5. 回放文件

通过“rosbag play 文件名”格式的命令回放录制信息，运行结果如图 4-25 所示。

```
nj@nj-pc:~$ rosbag info bags/hello_2022-10-20-09-50-35.bag
path:        bags/hello_2022-10-20-09-50-35.bag
version:     2.0
duration:    36.2s
start:       Oct 20 2022 09:50:35.53 (1666230635.53)
end:         Oct 20 2022 09:51:11.71 (1666230671.71)
size:        357.2 KB
messages:    4898
compression: none [1/1 chunks]
types:       geometry_msgs/Twist [9f195f881246fdfa2798d1d3eebca84a]
             rosgraph_msgs/Log   [acffd30cd6b6de30f120938c17c593fb]
             turtlesim/Color     [353891e354491c51aabe32df673fb446]
             turtlesim/Pose      [863b248d5016ca62ea2e895ae5265cf9]
topics:      /rosout                   3 msgs    : rosgraph_msgs/Log
             /turtle1/cmd_vel        408 msgs    : geometry_msgs/Twist
             /turtle1/color_sensor  2243 msgs    : turtlesim/Color
             /turtle1/pose          2244 msgs    : turtlesim/Pose
nj@nj-pc:~$ 
```

图 4-24　查看 rosbag 包的录制信息

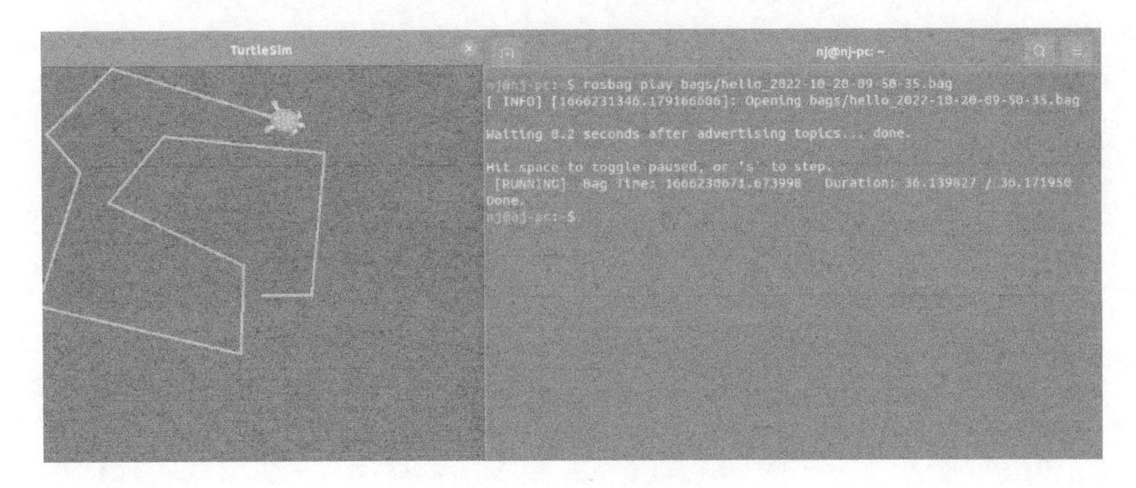

图 4-25　回放 rosbag 录制信息

总结评价

1. 工作计划表

序号	工作内容	计划完成时间	完成情况自评	教师评价

2. 任务实施记录及改善意见

____

____

____

拓展练习

rosbag 播放时，可以设置循环播放，改变播放速度，只播放感兴趣的片段等，请读者在本任务的例程中分别进行尝试。

第 3 篇
提高篇

项目 5
建模与仿真

项目简介

仿真是指利用模型复现实际系统的本质过程，并通过对系统模型的实验来研究存在的或设计中的系统，又称模拟。如果没有 ROS 机器人实验平台，那么可以利用仿真技术通过计算机对实体机器人系统进行模拟。在 ROS 中仿真涉及的内容主要有对机器人建模（URDF）、创建仿真环境（Gazebo）以及感知环境（Rviz）等。

本项目将介绍 URDF 及其基本语法、Rviz、Gazebo，并介绍在 URDF 中如何集成 Rviz 和 Gazebo，以及搭建仿真环境。本项目通过创建一个四轮圆柱状机器人模型进行 URDF 优化，演示如何添加摄像头和雷达传感器，搭建 Gazebo 仿真环境，进行运动控制仿真以及里程计信息显示、雷达仿真以及信息显示、摄像头仿真以及信息显示，从而实现机器人系统的仿真，为后续项目的开展打下基础。

教学目标

1. 知识目标

1）掌握 URDF、Rviz 和 Gazebo 的概念。

2）掌握 URDF 的基本语法。

3）掌握 URDF 集成 Rviz、Gazebo 的基本流程。

2. 能力目标

1）能够利用 URDF 创建机器人模型。

2）能够正确搭建 Gazebo 仿真环境。

3）能够正确进行运动控制仿真、雷达仿真以及摄像头仿真等。

4）能够利用 Rviz 正确显示里程计信息、雷达信息和摄像头信息等。

3. 素养目标

1）具有团队协作、交流沟通能力。

2）具有软件安装集成、调试的初步能力。

3）体会人类对先进技术的无止境追求及勇于创新的科学精神和工匠精神。

任务进阶

任务 1　初识 URDF 建模

任务 2　机器人系统的建模与仿真

任务 1 初识 URDF 建模

任务目标

任务名称	初识 URDF 建模
任务描述	了解 URDF、Rviz 和 Gazebo 的基本概念,掌握 URDF 的基本语法,掌握 URDF 集成 Rviz、Gazebo 的基本流程
预习要点	1)了解什么是建模与仿真 2)机器人的建模与仿真方法 3)ROS 的基本知识
材料准备	PC(Ubuntu 系统或安装 Ubuntu 系统的虚拟机,装有 ROS)
参考学时	2

预备知识

1. 认识 URDF

URDF（Unified Robot Description Format，统一机器人描述格式）是一种基于 XML 规范、用于描述机器人结构的格式，比如底盘、摄像头、激光雷达、机械臂以及不同关节的自由度。该格式的文件可以转换成可视化的机器人模型，是 ROS 中实现机器人仿真的重要组件。

从机构学角度来讲，机器人通常被建模为由连杆和关节组成的结构。连杆是带有质量属性的刚体，而关节是连接、限制两个刚体相对运动的结构。关节也被称为运动副。通过关节将连杆依次连接起来，就构成了一个个的运动链（也就是机器人模型）。一个 URDF 文档即描述了一系列关节与连杆的相对关系、惯性属性、几何特点和碰撞模型，具体包括：

1）机器人模型的运动学与动力学描述。

2）机器人的几何表示。

3）机器人的碰撞模型。

2. URDF 的基本语法

URDF 文件是标准的 XML 文件，在 ROS 中预定义了一系列的标签用于描述机器人模型。机器人模型可能较为复杂，但是 ROS 的 URDF 中的机器人组成却较为简单，主要简化为两部分：连杆（<link>标签）与关节（<joint>标签）。URDF 中包含如下标签：

1）<robot>：根标签，类似于 . launch 文件中的<launch>标签。

2）<link>：连杆标签。

3）<joint>：关节标签。

（1）<robot>标签　在 URDF 中，为了保证 XML 语法的完整性，使用了<robot>标签作为根标签，所有的<link>、<joint>以及其他标签都必须包含在<robot>标签内，如图 5-1 所示。在该标签内可以通过 name 属性设置机器人模型的名称，机器人模型如图 5-2 所示。

（2）<link>标签　<link>标签用来描述机器人某个刚体部分的外观和物理属性，如尺寸（Size）、颜色（Color）、形状（Shape）、惯性矩阵（Inertial Matrix）和碰撞属性（Collision Properties）等。

```
<robot name=" <name of the robot>" >
        <link>…</link>
        <link>…</link>

        <joint>…</joint>
        <joint>…</joint>
</robot>
```

图 5-1　<robot>标签语法格式

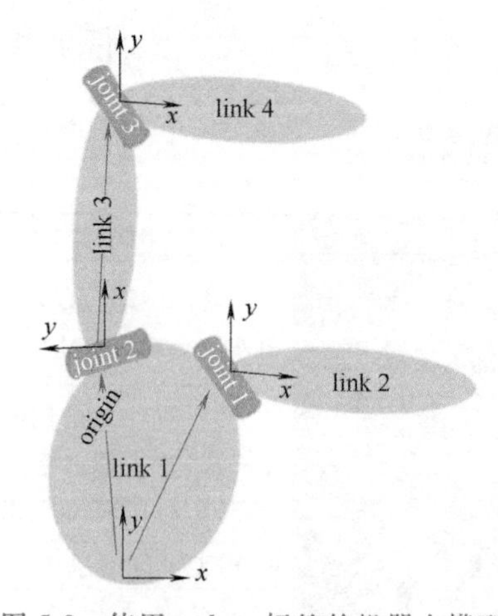

图 5-2　使用<robot>标签的机器人模型

机器人 URDF 中的 link 结构模型如图 5-3 所示，通常情况下，主要采用图 5-4 所示的 XML 的格式来描述。

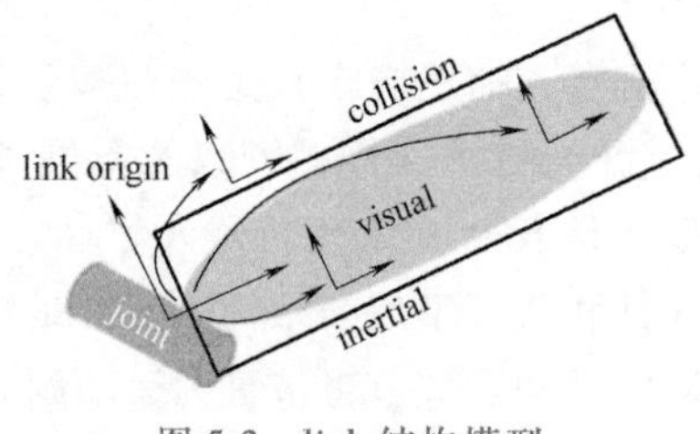

图 5-3　link 结构模型

```
<link name=" <link name>" >
  <inertial>  …  </inertial>
    <visual>  …  </visual>
 <collision>  …  </collision>
        </link>
```

图 5-4　XML 的格式

其中，<visual>标签用来描述机器人 link 部分的外观参数，包括尺寸、颜色和形状等外观信息。<inertial>标签用来描述 link 的惯性参数，主要用到机器人动力学的运算部分。<collision>标签用来描述 link 的碰撞属性。link origin 是起始坐标，整个 link 都是相对 link origin 坐标系创建的。

（3）<joint>标签　<joint>标签可用来描述机器人关节的运动学和动力学属性，包括关节运动的位置和速度限制。根据关节的运动形式，可以将 joint 分为 6 种类型，见表 5-1。

表 5-1　joint 类型

关节类型	描　述
continuous	旋转关节，可以围绕单轴无限旋转
revolute	旋转关节，类似于 continuous，但有旋转的角度限制
prismatic	滑动关节，沿某一轴线移动的关节，带有位置极限
planar	平面关节，允许在平面正交方向上平移或者旋转
floating	浮动关节，允许进行平移、旋转运动
fixed	固定关节，不允许运动的特殊关节

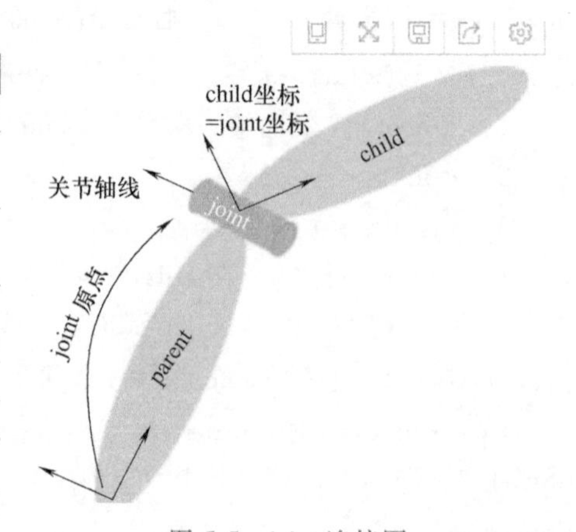

图 5-5　joint 连接图

如图 5-5 所示，joint 连接两个 link，需要分主次关系，主关节是 parent link。子关节是 child link。

在 XML 形式的描述中，这两个 link 是必须存在的。

通常情况下，主要采用图 5-6 所示的 XML 的格式来描述。

```
<joint name=" <name of the joint>" type=" <joint type>" >
<parent link=" parent_ 11nk" />
<child link=" child_ link" />
<calibration  …  />
<dynamics damping  …  />
<limit effort  …  />
…
</joint>
```

图 5-6　<joint>标签的 XML 格式描述

其中：

1）<calibration>：关节的参考位置，用来校准关节的绝对位置。

2）<dynamics>：描述关节的物理属性，如阻尼值、物理静摩擦力等，经常在动力学仿真中用到。

3）<limit>：描述运动的一些极限值，包括关节运动的上下限位置、速度限制及力矩限制等。

3. Rviz 的安装

Rviz 是 ROS Visualization Tool 的缩写，直译为 ROS 的三维可视化工具。它的主要作用是以三维方式显示 ROS 消息，可以将数据进行可视化表达。例如，可以显示机器人模型，以及无须编程就能表达激光测距仪（LRF）传感器到障碍物的距离，RealSense、Kinect 或 Xtion 等三维距离传感器的点云数据（Point Cloud Data，PCD），从相机获取的图像值等。

以“ros-[ROS_DISTRO]-desktop-full”命令安装 ROS 时，Rviz 会默认被安装，可使用命令 rviz 或 rosrun rviz rviz 运行。

如果 Rviz 没有安装，则可调用如下命令自行安装：

```
$ sudo apt install ros-[ROS_DISTRO]-rviz
```

4. 安装 Gazebo

以“ros-[ROS_DISTRO]-desktop-full”命令安装 ROS 时，Gazebo 会默认被安装，可使用命令 gazebo 或 rosrun gazebo_ros gazebo 运行。

如果 Gazebo 没有安装，可调用如下命令自行安装：

添加源：

```
$ sudo sh-c ' echo " deb http://packages.osrfoundation.org/gazebo/ubuntu-stable
`lsb_release-cs` main"
main"
>
/etc/apt/sources.list.d/gazebo-stable.list'
wget http://packages.osrfoundation.org/gazebo.key-O- | sudo apt-key add-
```

安装：

```
$ sudo apt update
$ sudo apt install gazebo11
$ sudo apt install libgazebo11-dev
```

任务实践

1. URDF 集成 Rviz

操作流程如下：

1）新建功能包，导入依赖。

2）编写 URDF 文件。

3）在 .launch 文件中集成 URDF 与 Rviz。

4）在 Rviz 中显示机器人模型。

5）优化 Rviz 启动。

（1）创建功能包，导入依赖　创建一个新的功能包，名称自定义，导入依赖包 urdf 与 xacro。

在当前功能包下再新建如下几个目录：

1）urdf：存储 URDF 文件的目录。

2）meshes：机器人模型渲染文件（暂不使用）。

3）config：配置文件。

4）launch：存储 .launch 启动文件。

（2）编写 URDF 文件　新建一个子级文件夹——urdf（可选），在文件夹中添加一个 URDF 文件，复制如下内容：

```
<robot name="mycar">
    <link name="base_link">
      <visual>
        <geometry>
          <box size="0.5 0.2 0.1" />
        </geometry>
      </visual>
```

（3）在 .launch 文件中集成 URDF 与 Rviz　在 launch 目录下新建一个 .launch 文件，该 .launch 文件需要启动 Rviz，并导入 URDF 文件。Rviz 启动后可以自动载入并解析 URDF 文件，显示机器人模型，其核心问题为如何导入 URDF 文件。在 ROS 中，可以将 URDF 文件的路径设置到参数服务器，使用的参数名是 robot_description，示例代码如下：

```
<launch>
    <! --设置参数-->
    <param name="robot_description" textfile="$(find 包名)/urdf/urdf/urdf01_
HelloWorld.urdf" />
    <! --启动 Rviz-->
    <node pkg="rviz" type="rviz" name="rviz" />
</launch>
```

(4) 在 Rviz 中显示机器人模型　Rviz 启动后，会发现并没有盒装的机器人模型，这是因为默认情况下没有添加机器人显示组件，需要手动添加，添加方式如图 5-7 所示。

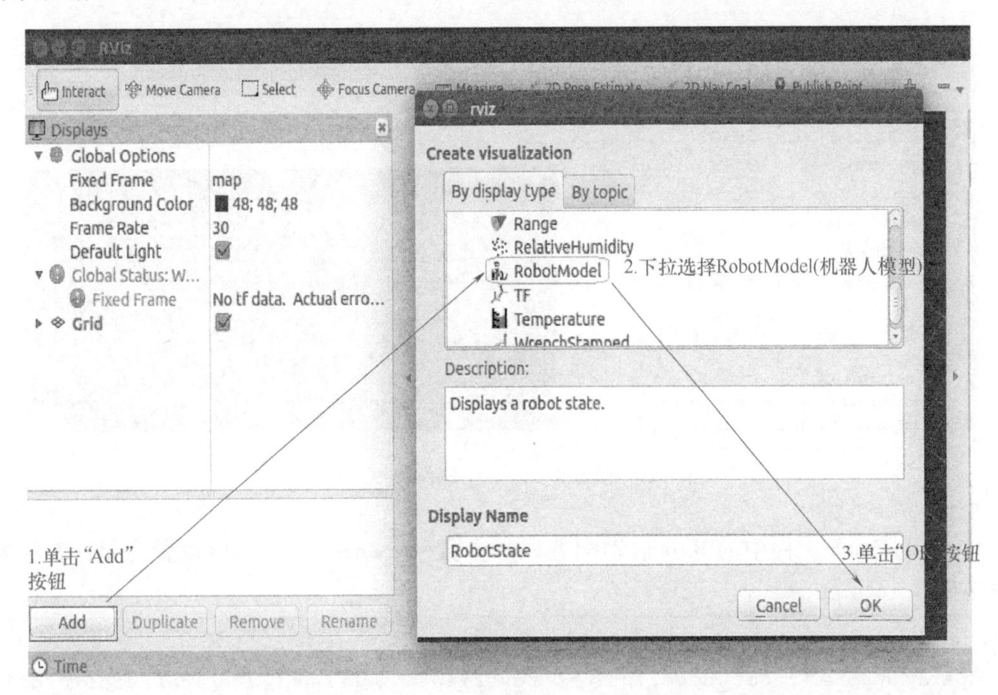

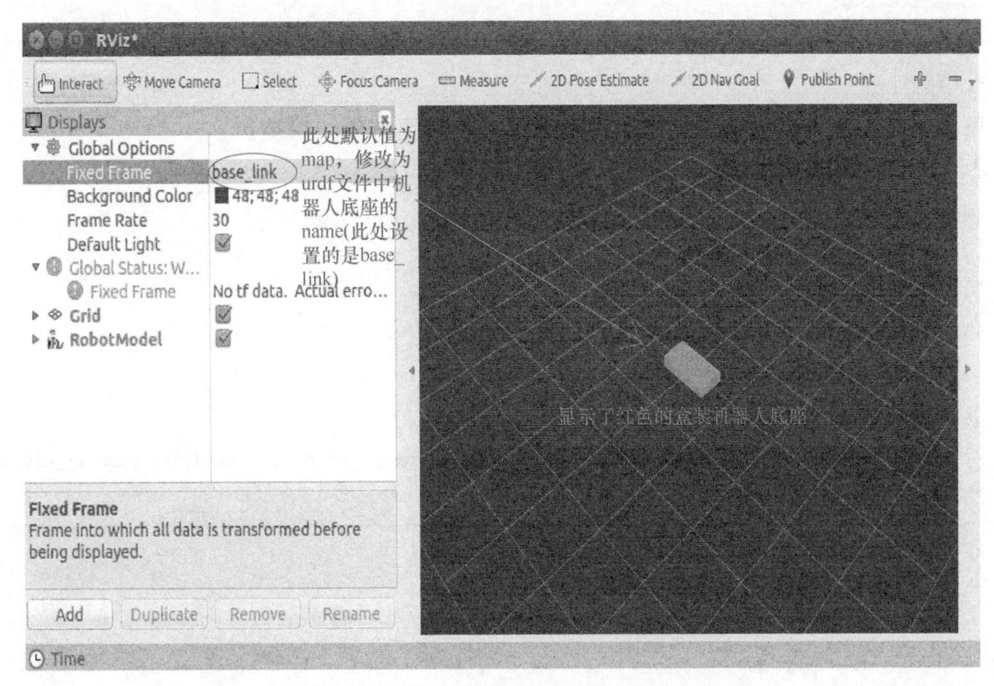

图 5-7　添加机器人显示组件

设置完毕后，可以正常显示了。

(5) 优化 Rviz 启动　重复启动 . launch 文件时，Rviz 之前的组件配置信息不会自动保存，需要重复执行步骤（4）的操作。为了方便使用，可以使用如下方法进行优化：

1）将当前配置保存到 config 目录，如图 5-8 所示。

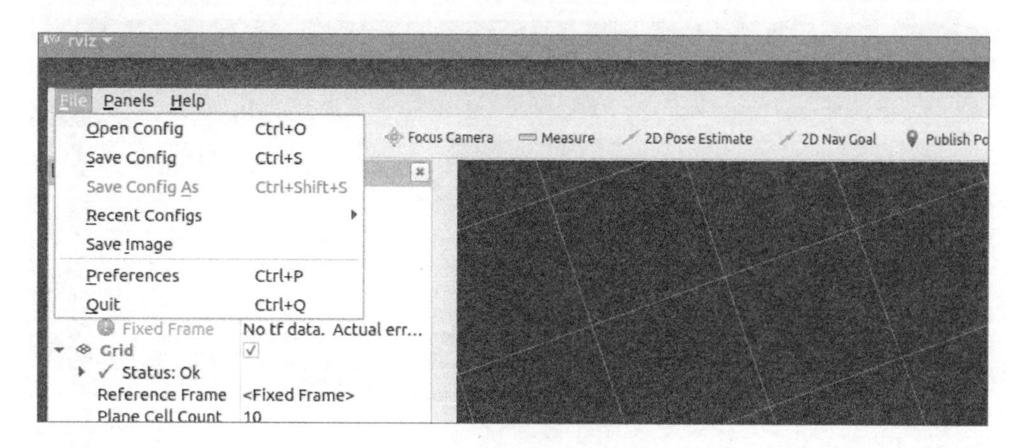

图 5-8　Rviz 配置保存

2）为 .launch 文件中的 Rviz 启动配置添加参数——args，args 的值设置为-d，表示配置文件路径。

```
<launch>
    <param name="robot_description" textfile="$(find 包名)/urdf/urdf/urdf01_
HelloWorld.urdf" />
    <node pkg="rviz" type="rviz" name="rviz" args="-d $(find 报名)/config/rviz/
show_mycar.rviz" /></launch>
```

再启动时，就可以包含之前的组件配置了，使用更方便、快捷。

2. URDF 集成 Gazebo

操作流程如下：

1）创建功能包，导入依赖项。

2）编写 URDF 文件或 .xacro 文件。

3）启动 Gazebo 并显示机器人模型。

4）URDF 集成 Gazebo 相关设置。

下面进行详细介绍。

1）创建功能包，导入依赖项 urdf、xacro、gazebo_ros、gazebo_ros_control、gazebo_plugins。

2）编写 URDF 文件或 .xacro 文件。

```
<!--
    创建一个机器人模型(盒状即可),显示在 Gazebo 中
-->
    <robot name="mycar">
      <link name="base_link">
        <visual>
          <geometry>
            <box size="0.5 0.2 0.1" />
```

```
        </geometry>
        <origin xyz="0.0 0.0 0.0" rpy="0.0 0.0 0.0" />
        <material name="yellow">
          <color rgba="0.5 0.3 0.0 1" />
        </material>
      </visual>
      <collision>
        <geometry>
              <box size="0.5 0.2 0.1" />
        </geometry>
        <origin xyz="0.0 0.0 0.0" rpy="0.0 0.0 0.0" />
      </collision>
      <inertial>
        <origin xyz="0 0 0" />
        <mass value="6" />
        <inertia ixx="1" ixy="0" ixz="0" iyy="1" iyz="0" izz="1" />
      </inertial>
    </link>
    <gazebo reference="base_link">
      <material>Gazebo/Black</material>
    </gazebo>
  </robot>
```

注意，当 URDF 需要与 Gazebo 集成时，和 Rviz 有如下明显区别：

① 必须使用<collision>标签，因为既然是仿真环境，那么必然涉及碰撞检测，<collision>提供了碰撞检测的依据。

② 必须使用<inertial>标签，此标签标注了当前机器人某个刚体部分的惯性矩阵，用于一些力学相关的仿真计算。

③ 颜色设置也需要重新使用<gazebo>标签标注，因为之前的颜色设置为了方便调试包含透明度，仿真环境下没有此选项。

3）启动 Gazebo 并显示机器人模型。. launch 文件实现：

```
<launch>
    <! --将 URDF 文件的内容加载到参数服务器-->
    <param name="robot_description" textfile="$(find demo02_urdf_gazebo)/urdf/
urdf01_helloworld.urdf" />

    <! --启动 Gazebo-->
    <include file="$(find gazebo_ros)/launch/empty_world.launch" />

    <! --在 Gazebo 中显示机器人模型-->
    <node pkg="gazebo_ros" type="spawn_model" name="model" args="-urdf-model my-
car-param robot_description"  /></launch>
```

4）URDF 集成 Gazebo 相关设置。较之于 Rviz，Gazebo 在集成 URDF 时需要做一些修改，比如必须添加 collision 碰撞属性相关参数，必须添加 inertial 惯性矩阵相关参数。另外，直接移植 Rviz 中机器人的颜色设置是不能显示的，颜色设置也必须做相应的变更。

① collision。如果机器人 link 是标准的几何体形状，则与 link 的 visual 属性设置一致即可。

② inertial。惯性矩阵的设置需要结合 link 的质量与外形参数动态生成，标准的球体、圆柱与立方体的惯性矩阵公式代码如下（已经封装为 xacro 实现）。

a. 球体惯性矩阵：

```
-<! --惯性矩阵宏实现-->
    <xacro:macro name="sphere_inertial_matrix" params="m r">
      <inertial>
        <mass value="${m}" />
        <inertia ixx="${2* m* r* r/5}" ixy="0" ixz="0"
          iyy="${2* m* r* r/5}" iyz="0"
          izz="${2* m* r* r/5}" />
      </inertial>
    </xacro:macro>
```

b. 圆柱惯性矩阵：

```
<xacro:macro name="cylinder_inertial_matrix" params="m r h">
      <inertial>
        <mass value="${m}" />
        <inertia ixx="${m* (3* r* r+h* h)/12}" ixy = "0" ixz = "0"
          iyy="${m* (3* r* r+h* h)/12}" iyz = "0"
          izz="${m* r* r/2}" />
      </inertial>
    </xacro:macro>
```

c. 立方体惯性矩阵：

```
<xacro:macro name="Box_inertial_matrix" params="m l w h">
      <inertial>
          <mass value="${m}" />
          <inertia ixx="${m* (h* h + l* l)/12}" ixy = "0" ixz = "0"
            iyy="${m* (w* w + l* l)/12}" iyz= "0"
            izz="${m* (w* w + h* h)/12}" />
      </inertial>
    </xacro:macro>
```

需要注意的是，原则上，除了 base_ footprint 外，机器人的每个刚体部分都需要设置惯性矩阵，且惯性矩阵必须经计算得出。如果随意定义刚体部分的惯性矩阵，那么可能会导致机器人在 Gazebo 中出现抖动、移动等现象。

③ 颜色设置。在 Gazebo 中显示 link 的颜色，必须要使用指定的标签：

```
      <gazebo reference="link 节点名称">
      <material>Gazebo/Blue</material></gazebo>
```

总结评价

1. 工作计划表

序　号	工作内容	计划完成时间	完成情况自评	教师评价

2. 任务实施记录及改善意见

拓展练习

总结 URDF 的基本语法，以及 URDF、Rviz 和 Gazebo 三者的关系。

任务 2　机器人系统的建模与仿真

任务目标

任务名称	机器人系统的建模与仿真
任务描述	创建机器人模型,添加摄像头和雷达传感器,搭建 Gazebo 仿真环境,进行运动控制仿真与里程计信息显示、雷达仿真与信息显示以及摄像头仿真与信息显示
预习要点	1)创建机器人模型 2)xacro 语法 3)搭建仿真环境
材料准备	PC(Ubuntu 系统或安装 Ubuntu 系统的虚拟机,装有 ROS)
参考学时	4

任务实践

1. 创建机器人模型

创建一个四轮圆柱状机器人模型，机器人参数包括：底盘为圆柱状，半径为 10cm，高为 8cm；四轮由两个驱动轮和两个万向支撑轮组成，两个驱动轮半径为 3.25cm，轮胎宽度为 1.5cm，两个万向轮为球状，半径为 0.75cm，底盘离地间距为 1.5cm（与万向轮直径一致）。

创建机器人模型过程如下：

下面进行详细介绍。

1）新建 URDF 文件，并与 . launch 文件集成。

URDF 文件：

```
  <robot name="mycar">
    <!--设置 base_footprint  -->
    <link name="base_footprint">
      <visual>
        <geometry>
          <sphere radius="0.001" />
        </geometry>
      </visual>
    </link>

    <!--添加底盘-->
    <!--添加驱动轮-->
    <!--添加万向轮(支撑轮)-->
</robot>
```

.launch 文件：

```
<launch>
    <!--将 URDF 文件内容设置到参数服务器-->
    <param name="robot_description" textfile="$(find demo01_urdf_helloworld)/
urdf/urdf/test.urdf" />

    <!--启动 Rivz-->
    <node pkg="rviz" type="rviz" name="rviz_test" args="-d $(find demo01_urdf_
helloworld)/config/helloworld.rviz" />

    <!--启动机器人状态和关节状态发布节点-->
    <node pkg="robot_state_publisher" type="robot_state_publisher" name="robot_
state_publisher" />
    <node pkg="joint_state_publisher" type="joint_state_publisher" name="joint_
state_publisher" />

    <!--启动图形化的控制关节运动节点-->
    <node pkg="joint_state_publisher_gui" type="joint_state_publisher_gui"
name="joint_state_publisher_gui" />
</launch>
```

2）底盘搭建。

```
<!--
        参数
          形状:圆柱
          半径:10cm
          高度:8cm
```

```
    离地:1.5cm
  -->
  <link name="base_link">
    <visual>
      <geometry>
        <cylinder radius="0.1" length="0.08" />
      </geometry>
      <origin xyz="0 0 0" rpy="0 0 0" />
      <material name="yellow">
        <color rgba="0.8 0.3 0.1 0.5" />
      </material>
    </visual>
  </link>

  <joint name="base_link2base_footprint" type="fixed">
    <parent link="base_footprint" />
    <child link="base_link"/>
    <origin xyz="0 0 0.055" />
  </joint>
```

3）在底盘上添加两个驱动轮。

```
<! --添加驱动轮-->
  <! --
    驱动轮是侧翻的圆柱
    参数
      半径:3.25cm
      宽度:1.5cm
      颜色:黑色
    关节设置:
      x = 0
      y = 底盘的半径 + 轮胎宽度 / 2
      z = 离地间距 + 底盘长度 / 2-轮胎半径 = 1.5 + 4-3.25 = 2.25(cm)
      axis = 0 1 0
  -->
  <link name="left_wheel">
    <visual>
      <geometry>
        <cylinder radius="0.0325" length="0.015" />
      </geometry>
      <origin xyz="0 0 0" rpy="1.5705 0 0" />
      <material name="black">
        <color rgba="0.0 0.0 0.0 1.0" />
      </material>
```

```
    </visual>
  </link>

    <joint name="left_wheel2base_link" type="continuous">
    <parent link="base_link" />
    <child link="left_wheel" />
    <origin xyz="0 0.1-0.0225" />
    <axis xyz="0 1 0" />
  </joint>

  <link name="right_wheel">
    <visual>
      <geometry>
        <cylinder radius="0.0325" length="0.015" />
      </geometry>
      <origin xyz="0 0 0" rpy="1.5705 0 0" />
      <material name="black">
        <color rgba="0.0 0.0 0.0 1.0" />
      </material>
    </visual>
  </link>

  <joint name="right_wheel2base_link" type="continuous">
    <parent link="base_link" />
    <child link="right_wheel" />
    <origin xyz="0-0.1-0.0225" />
    <axis xyz="0 1 0" />
  </joint>
```

4）在底盘上添加两个万向轮。

```
<! --添加万向轮(支撑轮)-->
  <! --
    参数
      形状:球体
      半径:0.75cm
      颜色:黑色

    关节设置:
      x = 自定义(底盘半径-万向轮半径) = 0.1-0.0075 = 0.0925(cm)
      y = 0
      z = 底盘长度 / 2 + 离地间距 / 2 = 0.08 / 2 + 0.015 / 2 = 0.0475
      axis= 1 1 1
  -->
```

```
<link name="front_wheel">
  <visual>
    <geometry>
      <sphere radius="0.0075" />
    </geometry>
    <origin xyz="0 0 0" rpy="0 0 0" />
    <material name="black">
      <color rgba="0.0 0.0 0.0 1.0" />
    </material>
  </visual>
</link>

<joint name="front_wheel2base_link" type="continuous">
  <parent link="base_link" />
  <child link="front_wheel" />
  <origin xyz="0.0925 0-0.0475" />
  <axis xyz="1 1 1" />
</joint>

<link name="back_wheel">
  <visual>
    <geometry>
      <sphere radius="0.0075" />
    </geometry>
    <origin xyz="0 0 0" rpy="0 0 0" />
    <material name="black">
      <color rgba="0.0 0.0 0.0 1.0" />
    </material>
  </visual>
</link>

<joint name="back_wheel2base_link" type="continuous">
  <parent link="base_link" />
  <child link="back_wheel" />
  <origin xyz="-0.0925 0-0.0475" />
  <axis xyz="1 1 1" />
</joint>
```

根据以上的操作可以构建出一个四轮圆柱状机器人模型，如图 5-9 所示。

2. URDF 优化

xacro 提供了可编程接口，类似于计算机语言，包括变量声明调用、函数声明与调用等。在使用 xacro 生成 URDF 时，根标签<robot>中必须包含命名空间声明：xmlns：xacro = "http：//wiki. ros. org/xacro"。

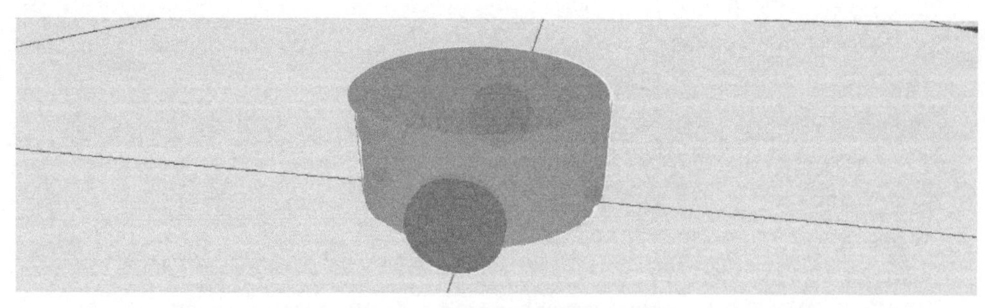

图 5-9　四轮圆柱状机器人模型

（1）属性与算数运算　属性与算数运算用于封装 URDF 中的一些字段，如 PAI 值、小车的尺寸及轮子半径等。

1）属性定义：

```
<xacro:property name="xxxx" value="yyyy" />
```

2）属性调用：

```
${属性名称}
```

3）算数运算：

```
${数学表达式}
```

（2）宏　宏类似于函数，可提高代码复用率，优化代码结构，提高安全性。

1）宏定义：

```
<xacro:macro name="宏名称" params="参数列表(多参数之间使用空格分隔)">
    ...
    参数调用格式：${参数名}
</xacro:macro>
```

2）宏调用：

```
<xacro:宏名称 参数1=xxx 参数2=xxx/>
```

（3）文件包含　机器人由多部件组成，不同部件可封装为单独的 .xacro 文件，最后将不同的文件集成，组合为完整的机器人，可以使用文件包含实现。

文件包含：

```
<robot name="xxx" xmlns:xacro="http://wiki.ros.org/xacro">
    <xacro:include filename="my_base.xacro" />
    <xacro:include filename="my_camera.xacro" />
    <xacro:include filename="my_laser.xacro" />
        …</robot>
```

下面介绍使用 xacro 优化 URDF 版的小车底盘模型。

（1）编写 .xacro 文件

```
<!--
    使用 xacro 优化 URDF 版的小车底盘模型的思路如下：
    1)将一些常量、变量封装为 xacro:property,如 PI 值、小车底盘半径、离地间距、车轮半径
```

```
和宽度等
    2)使用宏封装驱动轮以及支撑轮,调用相关宏生成驱动轮与支撑轮
-->
<! --根标签,必须声明 xmlns:xacro-->
<robot name="my_base" xmlns:xacro="http://www.ros.org/wiki/xacro">
    <! --封装变量、常量-->
    <xacro:property name="PI" value="3.141"/>
    <! --宏:黑色设置-->
    <material name="black">
      <color rgba="0.0 0.0 0.0 1.0" />
    </material>
    <! --底盘属性-->
    <xacro:property name="base_footprint_radius" value="0.001" /> <! --base_foot-
print 半径  -->
    <xacro:property name="base_link_radius" value="0.1" /> <! --base_link 半径-->
    <xacro:property name="base_link_length" value="0.08" /> <! --base_link 长-->
    <xacro:property name="earth_space" value="0.015" /> <! --离地间距-->

    <! --底盘-->
    <link name="base_footprint">
      <visual>
        <geometry>
          <sphere radius="${base_footprint_radius}" />
        </geometry>
      </visual>
    </link>

    <link name="base_link">
      <visual>
        <geometry>
          <cylinder radius="${base_link_radius}" length="${base_link_length}" />
        </geometry>
        <origin xyz="0 0 0" rpy="0 0 0" />
        <material name="yellow">
          <color rgba="0.5 0.3 0.0 0.5" />
        </material>
      </visual>
```

```
    </link>
    <joint name="base_link2base_footprint" type="fixed">
      <parent link="base_footprint" />
      <child link="base_link" />
      <origin xyz="0 0 ${earth_space + base_link_length / 2 }" />
    </joint>

    <! --驱动轮-->
    <! --驱动轮属性-->
    <xacro:property name="wheel_radius" value="0.0325" /><! --半径-->
    <xacro:property name="wheel_length" value="0.015" /><! --宽度-->
    <! --驱动轮宏实现-->
    <xacro:macro name="add_wheels" params="name flag">
      <link name="${name}_wheel">
        <visual>
        <geometry>
          <cylinder radius="${wheel_radius}" length="${wheel_length}" />
        </geometry>
        <origin xyz="0.0 0.0 0.0" rpy="${PI / 2} 0.0 0.0" />
        <material name="black" />
      </visual>
    </link>

    <joint name="${name}_wheel2base_link" type="continuous">
      <parent link="base_link" />
      <child link="${name}_wheel" />
      <origin xyz="0 ${flag * base_link_radius} ${-(earth_space + base_link_
length / 2-wheel_radius)}" />
      <axis xyz="0 1 0" />
      </joint>
    </xacro:macro>
    <xacro:add_wheels name="left" flag="1" />
    <xacro:add_wheels name="right" flag="-1" />
    <! --支撑轮-->
    <! --支撑轮属性-->
    <xacro:property name="support_wheel_radius" value="0.0075" /> <! --支撑轮半径-->

    <! --支撑轮宏-->
    <xacro:macro name="add_support_wheel" params="name flag" >
      <link name="${name}_wheel">
        <visual>
          <geometry>
```

```
            <sphere radius="${support_wheel_radius}" />
          </geometry>
        <origin xyz="0 0 0" rpy="0 0 0" />
        <material name="black" />
      </visual>
    </link>

    <joint name="${name}_wheel2base_link" type="continuous">
      <parent link="base_link" />
      <child link="${name}_wheel" />
      <origin xyz="${flag * (base_link_radius-support_wheel_radius)} 0 ${-(base_
link_length / 2 + earth_space / 2)}" />
      <axis xyz="1 1 1" />
    </joint>
    </xacro:macro>

    <xacro:add_support_wheel name="front" flag="1" />
    <xacro:add_support_wheel name="back" flag="-1" />
</robot>
```

（2）集成 . launch 文件

方式 1：先将 . xacro 文件转换出 URDF 文件，然后集成。

先将 . xacro 文件解析成 URDF 文件，即 rosrun xacro xacro xxx. xacro > xxx. urdf，然后按照之前的集成方式直接整合 . launch 文件，内容示例如下：

```
<launch>
    <param name="robot_description" textfile="$(find demo01_urdf_helloworld)/
urdf/xacro/my_base.urdf" />

    <node pkg="rviz" type="rviz" name="rviz" args="-d $(find demo01_urdf_hel-
loworld)/config/helloworld.rviz" />
    <node pkg="joint_state_publisher" type="joint_state_publisher" name="joint_
state_publisher" output="screen" />
    <node pkg="robot_state_publisher" type="robot_state_publisher" name="robot_
state_publisher" output="screen" />
    <node pkg="joint_state_publisher_gui" type="joint_state_publisher_gui"
name="joint_state_publisher_gui" output="screen" />
</launch>
```

方式 2：在 . launch 文件中直接加载 xacro（建议使用）。

内容示例如下：

```
<launch>
    <param name="robot_description" command="$(find xacro)/xacro $(find demo01
_urdf_helloworld)/urdf/xacro/my_base.urdf.xacro" />
```

```
    <node pkg="rviz" type="rviz" name="rviz" args="-d $(find demo01_urdf_helloworld)/config/helloworld.rviz" />
    <node pkg="joint_state_publisher" type="joint_state_publisher" name="joint_state_publisher" output="screen" />
    <node pkg="robot_state_publisher" type="robot_state_publisher" name="robot_state_publisher" output="screen" />
    <node pkg="joint_state_publisher_gui" type="joint_state_publisher_gui" name="joint_state_publisher_gui" output="screen" />
</launch>
```

核心代码：

```
    <param name="robot_description" command="$(find xacro)/xacro $(find demo01_urdf_helloworld)/urdf/xacro/my_base.urdf.xacro" />
```

加载 robot_description 时使用 command 属性。调用 xacro 功能包的 xacro 程序，直接解析 .xacro 文件，解析出来的内容就是 command 的属性值。

3. 添加摄像头和雷达传感器

机器人模型由多部件组成，可以将不同组件设置到单独文件，最终通过文件包含实现组件的拼装。这里在前面的小车底盘基础之上添加摄像头和雷达传感器。操作过程如下：

1） 编写摄像头和雷达的 .xacro 文件。

摄像头的 .xacro 文件：

```
<!--摄像头相关的 .xacro 文件--><robot name="my_camera" xmlns:xacro="http://wiki.ros.org/xacro">
    <!--摄像头属性-->
    <xacro:property name="camera_length" value="0.01" /> <!--摄像头长度(x)-->
    <xacro:property name="camera_width" value="0.025" /> <!--摄像头宽度(y)-->
    <xacro:property name="camera_height" value="0.025" /> <!--摄像头高度(z)-->
    <xacro:property name="camera_x" value="0.08" /> <!--摄像头安装的 x 坐标-->
    <xacro:property name="camera_y" value="0.0" /> <!--摄像头安装的 y 坐标-->
    <xacro:property name="camera_z" value="${base_link_length / 2 + camera_height / 2}" /> <!--摄像头安装的 z 坐标:底盘高度 / 2 + 摄像头高度 / 2  -->

    <!--摄像头关节以及 link-->
    <link name="camera">
      <visual>
        <geometry>
          <box size="${camera_length} ${camera_width} ${camera_height}" />
        </geometry>
        <origin xyz="0.0 0.0 0.0" rpy="0.0 0.0 0.0" />
        <material name="black" />
      </visual>
    </link>
```

```
    <joint name="camera2base_link" type="fixed">
      <parent link="base_link" />
      <child link="camera" />
      <origin xyz="${camera_x} ${camera_y} ${camera_z}" />
    </joint></robot>
```

雷达.xacro 文件:

```
<!--
    为小车底盘添加雷达
--><robot name="my_laser" xmlns:xacro="http://wiki.ros.org/xacro">

    <!--雷达支架-->
    <xacro:property name="support_length" value="0.15" /> <!--支架长度-->
    <xacro:property name="support_radius" value="0.01" /> <!--支架半径-->
    <xacro:property name="support_x" value="0.0" /> <!--支架安装的 x 坐标-->
    <xacro:property name="support_y" value="0.0" /> <!--支架安装的 y 坐标-->
    <xacro:property name="support_z" value="${base_link_length / 2 + support_
length / 2}" /> <!--支架安装的 z 坐标:底盘高度 / 2 + 支架高度 / 2  -->

    <link name="support">
      <visual>
        <geometry>
          <cylinder radius="${support_radius}" length="${support_length}" />
        </geometry>
        <origin xyz="0.0 0.0 0.0" rpy="0.0 0.0 0.0" />
        <material name="red">
          <color rgba="0.8 0.2 0.0 0.8" />
        </material>
      </visual>
    </link>

    <joint name="support2base_link" type="fixed">
      <parent link="base_link" />
      <child link="support" />
      <origin xyz="${support_x} ${support_y} ${support_z}" />
    </joint>

    <!--雷达属性-->
    <xacro:property name="laser_length" value="0.05" /> <!--雷达长度-->
    <xacro:property name="laser_radius" value="0.03" /> <!--雷达半径-->
    <xacro:property name="laser_x" value="0.0" /> <!--雷达安装的 x 坐标-->
    <xacro:property name="laser_y" value="0.0" /> <!--雷达安装的 y 坐标-->
```

```
    <xacro:property name="laser_z" value="${support_length/2+laser_length/2}"/>
<!--雷达安装的 z 坐标:支架高度/2+雷达高度/2  -->

    <!--雷达关节以及 link-->
    <link name="laser">
        <visual>
            <geometry>
                <cylinder radius="${laser_radius}" length="${laser_length}" />
            </geometry>
            <origin xyz="0.0 0.0 0.0" rpy="0.0 0.0 0.0" />
            <material name="black" />
        </visual>
    </link>

    <joint name="laser2support" type="fixed">
        <parent link="support" />
        <child link="laser" />
        <origin xyz="${laser_x} ${laser_y} ${laser_z}" />
    </joint></robot>
```

2）编写组合底盘、摄像头与雷达的 .xacro 文件。

```
    <!--组合小车底盘、摄像头与雷达--><robot name="my_car_camera" xmlns:xacro="ht-
tp://wiki.ros.org/xacro">
    <xacro:include filename="my_base.urdf.xacro" />
    <xacro:include filename="my_camera.urdf.xacro" />
    <xacro:include filename="my_laser.urdf.xacro" /></robot>
```

3）通过 .launch 文件启动 Rviz 并显示模型。

launch 文件：

```
    <launch>
    <param name="robot_description" command="$(find xacro)/xacro $(find demo
01_urdf_helloworld)/urdf/xacro/my_base_camera_laser.urdf.xacro" />

    <node pkg="rviz" type="rviz" name="rviz" args="-d $(find demo01_urdf_hel-
loworld)/config/helloworld.rviz" />
    <node pkg="joint_state_publisher" type="joint_state_publisher" name="joint_
state_publisher" output="screen" />
    <node pkg="robot_state_publisher" type="robot_state_publisher" name="robot_
state_publisher" output="screen" />
    <node pkg="joint_state_publisher_gui" type="joint_state_publisher_gui" name=
"joint_state_publisher_gui" output="screen" />
</launch>
```

完成以上代码可以得到一个添加摄像头和雷达传感器的机器人，如图 5-10 所示。

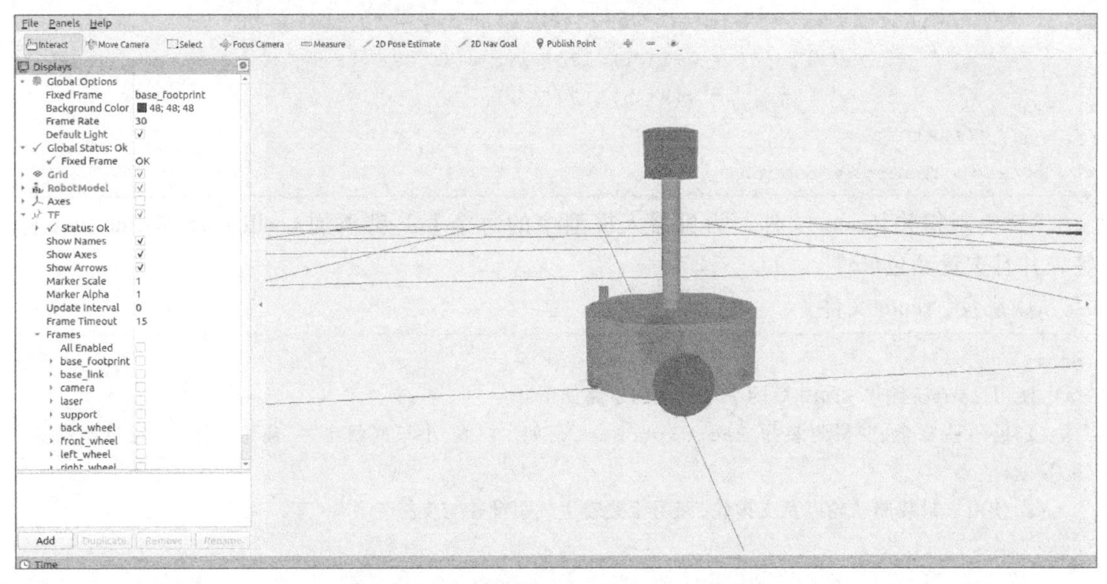

图 5-10　添加摄像头和雷达传感器的机器人

将之前的机器人模型（xacro 版）显示在 Gazebo 中。操作过程如下：

1）编写封装惯性矩阵算法的 . xacro 文件：

```
<robot name="base" xmlns:xacro="http://wiki.ros.org/xacro">
    <!--惯性矩阵宏实现-->
    <xacro:macro name="sphere_inertial_matrix" params="m r">
        <inertial>
            <mass value="${m}" />
            <inertia ixx="${2* m* r* r/5}" ixy="0" ixz="0"
                iyy="${2* m* r* r/5}" iyz="0"
                izz="${2* m* r* r/5}" />
        </inertial>
    </xacro:macro>

    <xacro:macro name="cylinder_inertial_matrix" params="m r h">
        <inertial>
            <mass value="${m}" />
            <inertia ixx="${m* (3* r* r+h* h)/12}" ixy = "0" ixz = "0"
                iyy="${m* (3* r* r+h* h)/12}" iyz = "0"
                izz="${m* r* r/2}" />
        </inertial>
    </xacro:macro>

    <xacro:macro name="Box_inertial_matrix" params="m l w h">
        <inertial>
```

```
        <mass value="${m}" />
        <inertia ixx="${m* (h* h+l* l)/12}" ixy = "0" ixz = "0"
            iyy="${m* (w* w+l* l)/12}" iyz= "0"
            izz="${m* (w* w+h* h)/12}" />
    </inertial>
</xacro:macro></robot>
```

2）复制相关 . xacro 文件，为机器人模型中的每个 link 都添加<collision>和<inertial>标签，并且重置颜色属性。

① 底盘 . xacro 文件。

```
<!--
    使用 xacro 优化 URDF 版的小车底盘的思路如下：
    1)将一些常量、变量封装为 xacro:property,如 PI 值、小车底盘半径、离地间距、车轮半径和宽度等
    2)使用宏封装驱动轮以及支撑轮,调用相关宏生成驱动轮与支撑轮

-->
<!--根标签,必须声明 xmlns:xacro--><robot name="my_base" xmlns:xacro="http://www.ros.org/wiki/xacro">
    <!--封装变量、常量-->
    <!--PI 值设置精度需要高一些,否则在后续进行车轮翻转量计算时,可能会出现肉眼不能察觉的车轮倾斜,从而导致模型抖动-->
    <xacro:property name="PI" value="3.1415926"/>
    <!--宏:黑色设置-->
    <material name="black">
        <color rgba="0.0 0.0 0.0 1.0" />
    </material>
    <!--底盘属性-->
    <xacro:property name="base_footprint_radius" value="0.001" /> <!--base_footprint 半径  -->
    <xacro:property name="base_link_radius" value="0.1" /> <!--base_link 半径-->
    <xacro:property name="base_link_length" value="0.08" /> <!--base_link 的长-->
    <xacro:property name="earth_space" value="0.015" /> <!--离地间距-->
    <xacro:property name="base_link_m" value="0.5" /> <!--质量-->

    <!--底盘-->
    <link name="base_footprint">
      <visual>
        <geometry>
          <sphere radius="${base_footprint_radius}" />
        </geometry>
      </visual>
    </link>
```

```
    <link name="base_link">
      <visual>
        <geometry>
          <cylinder radius="${base_link_radius}" length="${base_link_length}" />
        </geometry>
        <origin xyz="0 0 0" rpy="0 0 0" />
        <material name="yellow">
          <color rgba="0.5 0.3 0.0 0.5" />
        </material>
    </visual>
    <collision>
      <geometry>
        <cylinder radius="${base_link_radius}" length="${base_link_length}" />
      </geometry>
      <origin xyz="0 0 0" rpy="0 0 0" />
      </collision>
        <xacro:cylinder_inertial_matrix m="${base_link_m}" r="${base_link_ra-
dius}" h="${base_link_length}" />

    </link>

    <joint name="base_link2base_footprint" type="fixed">
      <parent link="base_footprint" />
      <child link="base_link" />
      <origin xyz="0 0 ${earth_space+base_link_length/2 }" />
    </joint>
    <gazebo reference="base_link">
        <material>Gazebo/Yellow</material>
    </gazebo>

    <!--驱动轮-->
    <!--驱动轮属性-->
    <xacro:property name="wheel_radius" value="0.0325" /><!--半径-->
    <xacro:property name="wheel_length" value="0.015" /><!--宽度-->
    <xacro:property name="wheel_m" value="0.05" /> <!--质量  -->

    <!--驱动轮宏实现-->
    <xacro:macro name="add_wheels" params="name flag">
      <link name="${name}_wheel">
        <visual>
          <geometry>
```

```
          <cylinder radius="${wheel_radius}" length="${wheel_length}" />
        </geometry>
        <origin xyz="0.0 0.0 0.0" rpy="${PI/2} 0.0 0.0" />
        <material name="black" />
      </visual>
      <collision>
        <geometry>
          <cylinder radius="${wheel_radius}" length="${wheel_length}" />
        </geometry>
        <origin xyz="0.0 0.0 0.0" rpy="${PI/2} 0.0 0.0" />
      </collision>
      <xacro:cylinder_inertial_matrix m="${wheel_m}" r="${wheel_radius}" h=
"${wheel_length}" />

      </link>

      <joint name="${name}_wheel2base_link" type="continuous">
        <parent link="base_link" />
        <child link="${name}_wheel" />
        <origin xyz="0 ${flag * base_link_radius} ${-(earth_space+base_link_
length/2 -wheel_radius)}" />
        <axis xyz="0 1 0" />
      </joint>

      <gazebo reference="${name}_wheel">
        <material>Gazebo/Red</material>
      </gazebo>

    </xacro:macro>
    <xacro:add_wheels name="left" flag="1" />
    <xacro:add_wheels name="right" flag="-1" />
    <!--支撑轮-->
    <!--支撑轮属性-->
    <xacro:property name="support_wheel_radius" value="0.0075" /> <!--支撑轮半径-->
    <xacro:property name="support_wheel_m" value="0.03" /> <!--质量  -->

    <!--支撑轮宏-->
    <xacro:macro name="add_support_wheel" params="name flag" >
      <link name="${name}_wheel">
        <visual>
          <geometry>
```

```
            <sphere radius="${support_wheel_radius}" />
          </geometry>
          <origin xyz="0 0 0" rpy="0 0 0" />
          <material name="black" />
        </visual>
        <collision>
          <geometry>
            <sphere radius="${support_wheel_radius}" />
          </geometry>
          <origin xyz="0 0 0" rpy="0 0 0" />
        </collision>
        <xacro:sphere_inertial_matrix m="${support_wheel_m}" r="${support_
wheel_radius}" />
    </link>

    <joint name="${name}_wheel2base_link" type="continuous">
        <parent link="base_link" />
        <child link="${name}_wheel" />
        <origin xyz="${flag* (base_link_radius-support_wheel_radius)} 0 ${-
(base_link_length/2+earth_space/2)}" />
        <axis xyz="1 1 1" />
    </joint>
    <gazebo reference="${name}_wheel">
        <material>Gazebo/Red</material>
      </gazebo>
    </xacro:macro>

    <xacro:add_support_wheel name="front" flag="1" />
    <xacro:add_support_wheel name="back" flag="-1" />

</robot>
```

注意：如果机器人模型在Gazebo中产生了抖动、滑动及缓慢位移等情况，应查看：

a. 是否设置了惯性矩阵，且设置是否正确合理。

b. 车轮翻转需要依赖PI值，如果PI值精度偏低，那么也可能导致上述情况发生。

② 摄像头.xacro文件。

```
    <!--摄像头相关的.xacro文件--><robot name="my_camera" xmlns:xacro="http://wi-
ki.ros.org/xacro">
    <!--摄像头属性-->
    <xacro:property name="camera_length" value="0.01" /> <!--摄像头长度(x)-->
    <xacro:property name="camera_width" value="0.025" /> <!--摄像头宽度(y)-->
    <xacro:property name="camera_height" value="0.025" /> <!--摄像头高度(z)-->
```

```
    <xacro:property name="camera_x" value="0.08" /> <!--摄像头安装的 x 坐标-->
    <xacro:property name="camera_y" value="0.0" /> <!--摄像头安装的 y 坐标-->
    <xacro:property name="camera_z" value="${base_link_length/2+camera_height/
2}" /> <!--摄像头安装的 z 坐标:底盘高度/2+摄像头高度/2  -->

    <xacro:property name="camera_m" value="0.01" /> <!--摄像头质量-->

    <!--摄像头关节以及 link-->
    <link name="camera">
        <visual>
            <geometry>
                <box size="${camera_length} ${camera_width} ${camera_height}" />
            </geometry>
            <origin xyz="0.0 0.0 0.0" rpy="0.0 0.0 0.0" />
            <material name="black" />
        </visual>
        <collision>
            <geometry>
                <box size="${camera_length} ${camera_width} ${camera_height}" />
            </geometry>
            <origin xyz="0.0 0.0 0.0" rpy="0.0 0.0 0.0" />
        </collision>
        <xacro:Box_inertial_matrix m="${camera_m}" l="${camera_length}" w="$
{camera_width}" h="${camera_height}" />
    </link>

    <joint name="camera2base_link" type="fixed">
        <parent link="base_link" />
        <child link="camera" />
        <origin xyz="${camera_x} ${camera_y} ${camera_z}" />
    </joint>
    <gazebo reference="camera">
        <material>Gazebo/Blue</material>
    </gazebo></robot>
```

③ 雷达 . xacro 文件。

```
    <!--
    小车底盘添加雷达
--><robot name="my_laser" xmlns:xacro="http://wiki.ros.org/xacro">

    <!--雷达支架-->
```

```
    <xacro:property name="support_length" value="0.15" /> <!--支架长度-->
    <xacro:property name="support_radius" value="0.01" /> <!--支架半径-->
    <xacro:property name="support_x" value="0.0" /> <!--支架安装的 x 坐标-->
    <xacro:property name="support_y" value="0.0" /> <!--支架安装的 y 坐标-->
    <xacro:property name="support_z" value="${base_link_length/2+support_
length/2}" /> <!--支架安装的 z 坐标:底盘高度/2+支架高度/2-->

    <xacro:property name="support_m" value="0.02" /> <!--支架质量-->

    <link name="support">
        <visual>
            <geometry>
                <cylinder radius="${support_radius}" length="${support_length}" />
            </geometry>
            <origin xyz="0.0 0.0 0.0" rpy="0.0 0.0 0.0" />
            <material name="red">
                <color rgba="0.8 0.2 0.0 0.8" />
            </material>
        </visual>

        <collision>
            <geometry>
                <cylinder radius="${support_radius}" length="${support_length}" />
            </geometry>
            <origin xyz="0.0 0.0 0.0" rpy="0.0 0.0 0.0" />
        </collision>

        <xacro:cylinder_inertial_matrix m="${support_m}" r="${support_radius}"
h="${support_length}" />

    </link>

    <joint name="support2base_link" type="fixed">
        <parent link="base_link" />
        <child link="support" />
        <origin xyz="${support_x} ${support_y} ${support_z}" />
    </joint>

    <gazebo reference="support">
        <material>Gazebo/White</material>
```

```
    </gazebo>

    <! --雷达属性-->
    <xacro:property name="laser_length" value="0.05" /> <! --雷达长度-->
    <xacro:property name="laser_radius" value="0.03" /> <! --雷达半径-->
    <xacro:property name="laser_x" value="0.0" /> <! --雷达安装的 x 坐标-->
    <xacro:property name="laser_y" value="0.0" /> <! --雷达安装的 y 坐标-->
    <xacro:property name="laser_z" value="${support_length/2+laser_length/2}"
/> <! --雷达安装的 z 坐标:支架高度/2+雷达高度/2-->

    <xacro:property name="laser_m" value="0.1" /> <! --雷达质量-->

    <! --雷达关节以及 link-->
    <link name="laser">
        <visual>
            <geometry>
                <cylinder radius="${laser_radius}" length="${laser_length}" />
            </geometry>
            <origin xyz="0.0 0.0 0.0" rpy="0.0 0.0 0.0" />
            <material name="black" />
        </visual>
        <collision>
            <geometry>
                <cylinder radius="${laser_radius}" length="${laser_length}" />
            </geometry>
            <origin xyz="0.0 0.0 0.0" rpy="0.0 0.0 0.0" />
        </collision>
        <xacro:cylinder_inertial_matrix m="${laser_m}" r="${laser_radius}" h=
"${laser_length}" />
    </link>

    <joint name="laser2support" type="fixed">
        <parent link="support" />
        <child link="laser" />
        <origin xyz="${laser_x} ${laser_y} ${laser_z}" />
    </joint>
    <gazebo reference="laser">
        <material>Gazebo/Black</material>
    </gazebo></robot>
```

④ 组合底盘、摄像头与雷达的 .xacro 文件。

```
    <! --组合小车底盘与摄像头--><robot name="my_car_camera" xmlns:xacro="http://wi-
ki.ros.org/xacro">
```

```
<xacro:include filename="my_head.urdf.xacro" />
<xacro:include filename="my_base.urdf.xacro" />
<xacro:include filename="my_camera.urdf.xacro" />
<xacro:include filename="my_laser.urdf.xacro" /></robot>
```

3）在.launch文件中启动Gazebo并添加机器人模型。

.launch文件：

```
<launch>
<! --将 URDF 文件的内容加载到参数服务器-->
<param name="robot_description" command="$(find xacro)/xacro $(find demo02
_urdf_gazebo)/urdf/xacro/my_base_camera_laser.urdf.xacro" />
<! --启动 Gazebo-->
<include file="$(find gazebo_ros)/launch/empty_world.launch" />

<! --在 Gazebo 中显示机器人模型-->
<node pkg="gazebo_ros" type="spawn_model" name="model" args="-urdf-model my-
car-param robot _ description"  /> </launch >  < xacro: include filename = " my _
laser.urdf.xacro" /></robot>
```

4. Gazebo仿真环境搭建

到目前为止，用户已经可以将机器人模型显示在Gazebo之中了，但是在当前的默认情况下，在Gazebo中，机器人模型在Empty World中，并没有类似于房间、家具、道路、树木之类的仿真物，如何在Gazebo中创建仿真环境呢？

在Gazebo中创建仿真实现方式有如下两种：

方式1：直接添加内置组件来创建仿真环境。

方式2：手动绘制仿真环境（更为灵活）。

也可以使用官方或第三方仿真环境插件。

（1）添加内置组件创建仿真环境

1）启动Gazebo并添加组件，如图5-11所示。

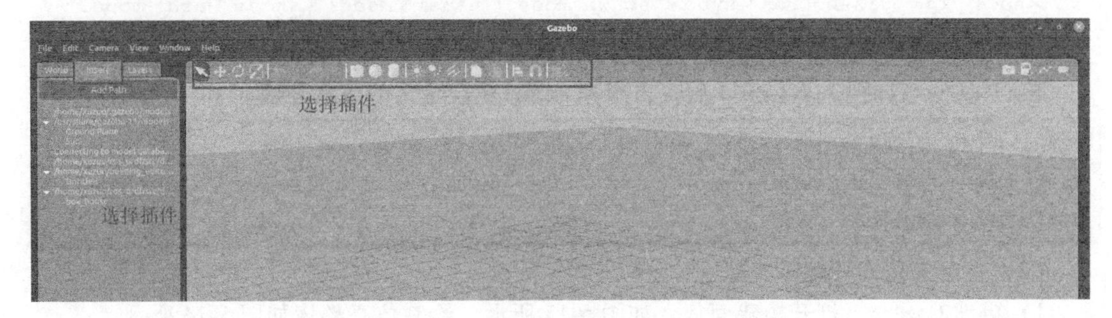

图5-11 启动Gazebo并添加组件

2）保存仿真环境。添加完毕后，选择File→Save World as命令，选择保存路径（功能包下的worlds目录），文件名自定义，扩展名设置为.world，如图5-12所示。

3）启动。

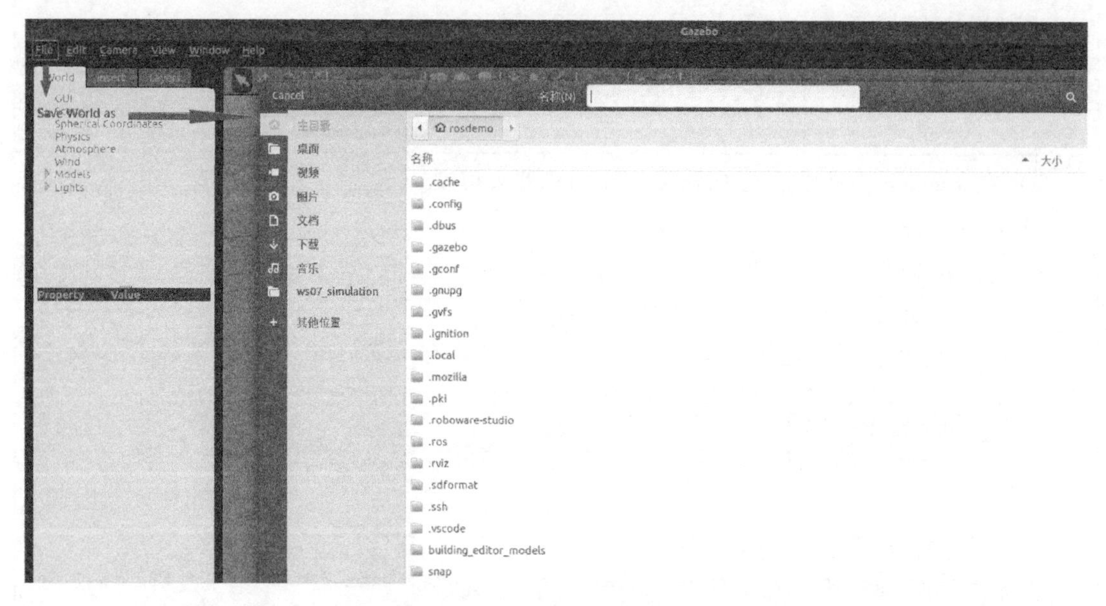

图 5-12　保存仿真环境

```
<launch>
    <! --将 URDF 文件的内容加载到参数服务器-->
    <param name="robot_description" command="$(find xacro)/xacro $(find demo
02_urdf_gazebo)/urdf/xacro/my_base_camera_laser.urdf.xacro" />
    <! --启动 Gazebo-->
    <include file="$(find gazebo_ros)/launch/empty_world.launch">
        <arg name="world_name" value="$(find demo02_urdf_gazebo)/worlds/
hello.world" />
    </include>

    <! --在 Gazebo 中显示机器人模型-->
    <node pkg="gazebo_ros" type="spawn_model" name="model" args="-urdf-model my-
car-param robot_description"  /></launch>
```

核心代码：启动 empty_world 后，再根据 arg 加载自定义的仿真环境。

```
<include file="$(find gazebo_ros)/launch/empty_world.launch">
<arg name="world_name" value="$(find demo02_urdf_gazebo)/worlds/hello.
world" /></include>
```

（2）自定义仿真环境

1）启动 Gazebo，打开构建面板，如图 5-13 所示，绘制仿真环境如图 5-14 所示。

2）保存构建的环境。选择 File→Save 命令，选择保存路径（功能包下的 models 目录）。然后选择 File→Exit Building Editor 命令。

3）保存为 . world 文件。可以像方式 1 一样添加一些插件，然后保存为 . world 文件（保存路径功能包下的 worlds 目录），如图 5-15 所示。

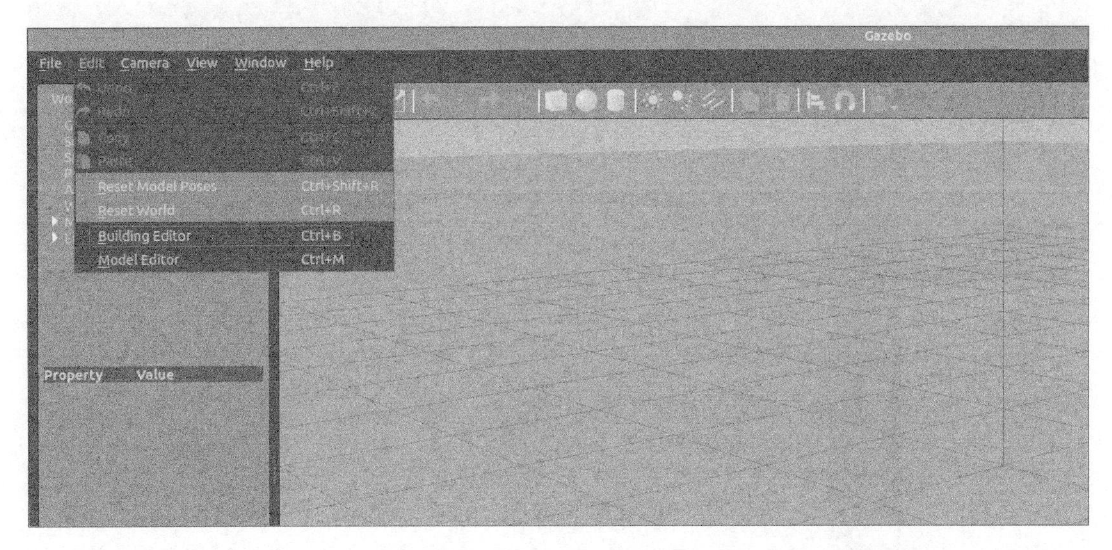

图 5-13 启动 Gazebo，打开构建面板

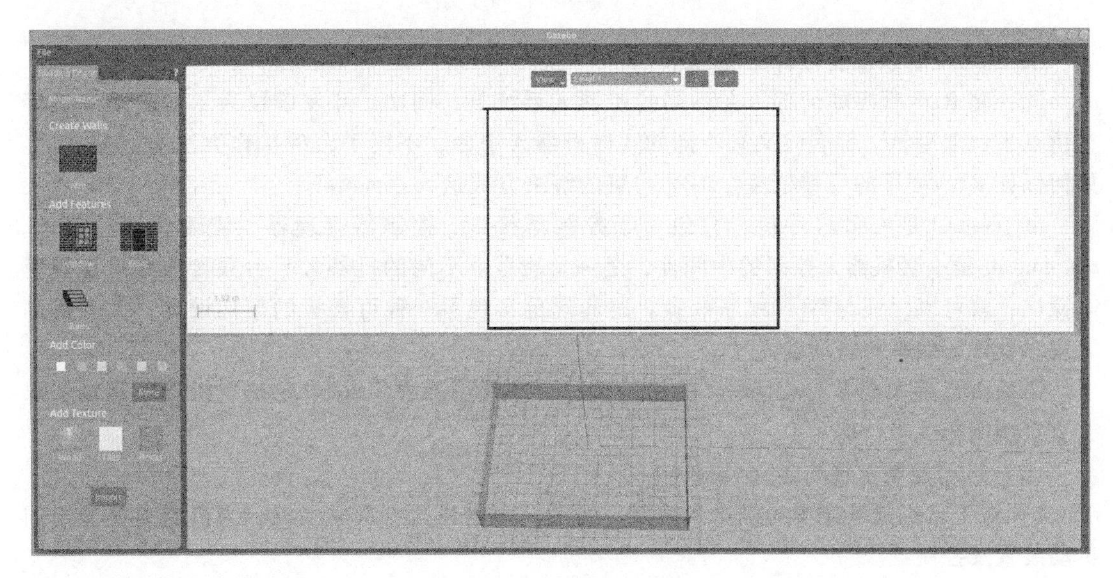

图 5-14 绘制仿真环境

4）启动。同方式 1。

（3）使用官方提供的插件 当前，Gazebo 提供的仿真工具有限，用户可以下载官方支持，从而获取更为丰富的仿真工具，具体方法如下。

1）下载官方模型库。

```
git clone https://github.com/osrf/gazebo_models
```

2）将模型库复制到 Gazebo。将得到的 gazebo_models 文件夹内容复制到 /usr/share/gazebo-*/models。

3）应用。重启 Gazebo，选择左侧菜单栏中的 File 命令，选择 Insert 选项卡，就可以选择并插入相关工具了。

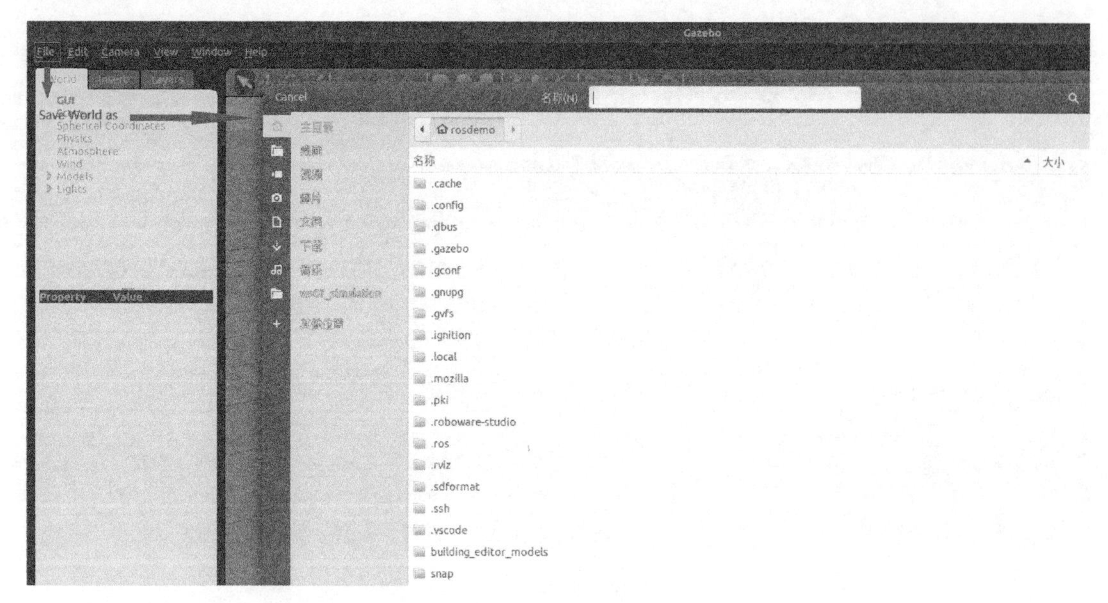

图 5-15　保存为 . world 文件

5. 运动控制以及里程计信息显示

同一套 ROS 程序如何部署在不同的机器人系统上，例如，开发阶段为了提高效率选择在仿真平台上测试，部署时又有不同的实体机器人平台，不同平台的操作方法是有差异的。如何保证 ROS 程序的可移植性？ROS 内置的解决方式是 ros_control。

ros_control 是一组软件包，它包含了控制器接口、控制器管理器、传输和硬件接口。ros_control 是一套机器人控制的中间件，是一套规范。不同的机器人平台只要按照这套规范来操作，就可以保证与 ROS 程序兼容。这套规范实现了一种可插拔的架构设计，大大提高了程序设计的效率与灵活性。

Gazebo 已经实现了 ros_control 的相关接口，如果需要在 Gazebo 中控制机器人运动，那么直接调用相关接口即可。

（1）运动控制实现流程（Gazebo）

1）对于已经创建完毕的机器人模型，编写一个单独的 . xacro 文件，为机器人模型添加传动装置及控制器。

2）将此文件集成进 . xacro 文件。

3）启动 Gazebo 并发布/cmd_vel 消息控制机器人运动。

下面进行详细介绍。

1）为 joint 添加传动装置及控制器。

两轮差速配置：

```
<robot name="my_car_move" xmlns:xacro="http://wiki.ros.org/xacro">

<!--传动实现:用于连接控制器与关节-->
<xacro:macro name="joint_trans" params="joint_name">
    <!--Transmission is important to link the joints and the controller-->
    <transmission name="${joint_name}_trans">
```

```
        <type>transmission_interface/SimpleTransmission</type>
        <joint name="${joint_name}">
            <hardwareInterface>hardware_interface/VelocityJointInterface</
hardwareInterface>
        </joint>
        <actuator name="${joint_name}_motor">
            <hardwareInterface>hardware_interface/VelocityJointInterface</
hardwareInterface>
            <mechanicalReduction>1</mechanicalReduction>
        </actuator>
    </transmission>
</xacro:macro>

<!--每一个驱动轮都需要配置传动装置-->
<xacro:joint_trans joint_name="left_wheel2base_link" />
<xacro:joint_trans joint_name="right_wheel2base_link" />

<!--控制器-->
<gazebo>
    <plugin name="differential_drive_controller" filename="libgazebo_ros_
diff_drive.so">
        <rosDebugLevel>Debug</rosDebugLevel>
        <publishWheelTF>true</publishWheelTF>
        <robotNamespace>/</robotNamespace>
        <publishTf>1</publishTf>
        <publishWheelJointState>true</publishWheelJointState>
        <alwaysOn>true</alwaysOn>
        <updateRate>100.0</updateRate>
        <legacyMode>true</legacyMode>
        <leftJoint>left_wheel2base_link</leftJoint> <!--左轮-->
        <rightJoint>right_wheel2base_link</rightJoint> <!--右轮-->
        <wheelSeparation>${base_link_radius * 2}</wheelSeparation> <!--车轮
间距-->
        <wheelDiameter>${wheel_radius * 2}</wheelDiameter> <!--车轮直径-->
        <broadcastTF>1</broadcastTF>
        <wheelTorque>30</wheelTorque>
        <wheelAcceleration>1.8</wheelAcceleration>
        <commandTopic>cmd_vel</commandTopic> <!--运动控制话题-->
        <odometryFrame>odom</odometryFrame>
        <odometryTopic>odom</odometryTopic> <!--里程计话题-->
        <robotBaseFrame>base_footprint</robotBaseFrame> <!--根坐标系-->
    </plugin>
```

```
    </gazebo>
</robot>
```

2）.xacro 文件集成。将上述 .xacro 文件集成进总的机器人模型文件，示例代码如下：

```
    <! --组合小车底盘与摄像头--><robot name="my_car_camera" xmlns:xacro="http://wi-
ki.ros.org/xacro">
    <xacro:include filename="my_head.urdf.xacro" />
    <xacro:include filename="my_base.urdf.xacro" />
    <xacro:include filename="my_camera.urdf.xacro" />
    <xacro:include filename="my_laser.urdf.xacro" />
    <xacro:include filename="move.urdf.xacro" /></robot>
```

当前核心：包含控制器以及传动配置的 .xacro 文件。

```
    <xacro:include filename="move.urdf.xacro" />
```

3）启动 Gazebo 并控制机器人运动。

.launch 文件：

```
    <launch>

    <! --将 URDF 文件的内容加载到参数服务器-->
    <param name="robot_description" command="$(find xacro)/xacro $(find demo02
_urdf_gazebo)/urdf/xacro/my_base_camera_laser.urdf.xacro" />
    <! --启动 Gazebo-->
    <include file="$(find gazebo_ros)/launch/empty_world.launch">
        <arg name="world_name" value="$(find demo02_urdf_gazebo)/worlds/
hello.world" />
    </include>

    <! --在 Gazebo 中显示机器人模型-->
    <node pkg="gazebo_ros" type="spawn_model" name="model" args="-urdf-model my-
car-param robot_description"  /></launch>
```

启动 .launch 文件，使用 topic list 查看话题列表，会发现多了/cmd_vel，然后发布 vmd_vel 消息控制即可。

使用命令控制（或者可以编写单独的节点控制），控制界面如图 5-16 所示。

```
    $ rostopic pub-r 10 /cmd_vel geometry_msgs/Twist '{linear:{x:0.2, y:0, z:0},
angular:{x:0, y:0, z:0.5}}'
```

（2）Rviz 查看里程计信息　在 Gazebo 的仿真环境中，机器人的里程计以及运动朝向等信息是无法获取的，可以通过 Rviz 显示机器人的里程计信息及运动朝向。

里程计：机器人相对出发点坐标系的位姿状态（x 坐标、y 坐标、z 坐标及朝向）。

1）启动 Rviz。

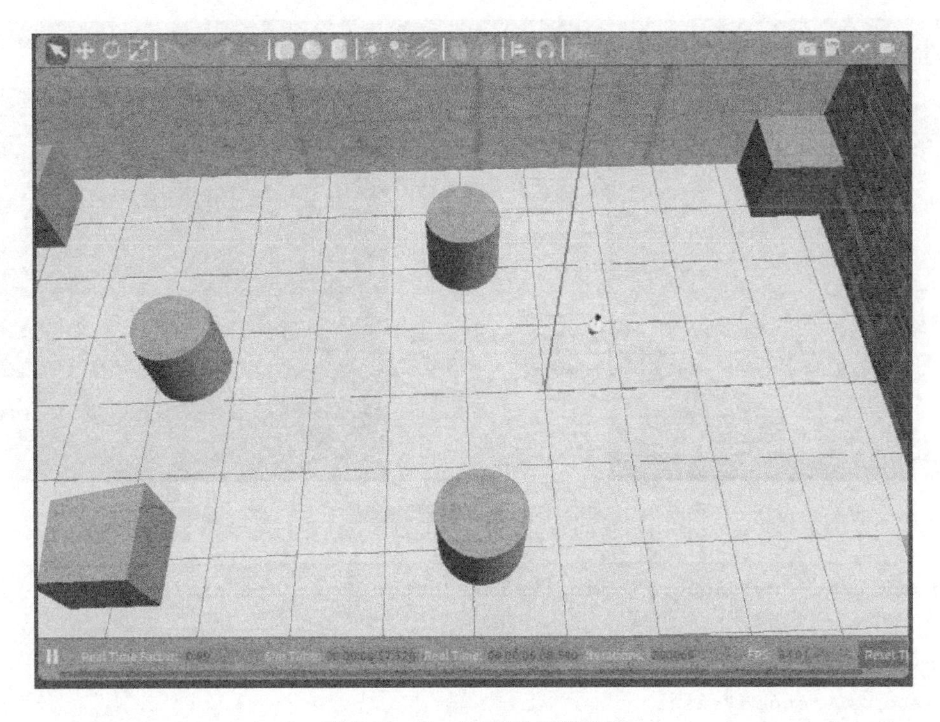

图 5-16　Gazebo 运动控制界面

. launch 文件：

```
<launch>
<! --启动 Rviz-->
<node pkg="rviz" type="rviz" name="rviz" />

<! --关节以及机器人状态发布节点-->
<node name="joint_state_publisher" pkg="joint_state_publisher" type="joint_state_publisher" />
<node name="robot_state_publisher" pkg="robot_state_publisher" type="robot_state_publisher" />
</launch>
```

2）添加组件。

执行 . launch 文件后，在 Rviz 中添加图示组件来显示里程计数据，如图 5-17 所示。

6. 雷达信息仿真以及显示

通过 Gazebo 模拟激光雷达传感器，并在 Rviz 中显示激光数据。雷达仿真基本流程如下：

1）对于已经创建完毕的机器人模型，编写一个单独的 . xacro 文件，为机器人模型添加雷达配置。

2）将此文件集成进 . xacro 文件。

3）启动 Gazebo，使用 Rviz 显示雷达信息。

（1）Gazebo 仿真雷达

1）新建 . xacro 文件，配置雷达传感器信息。

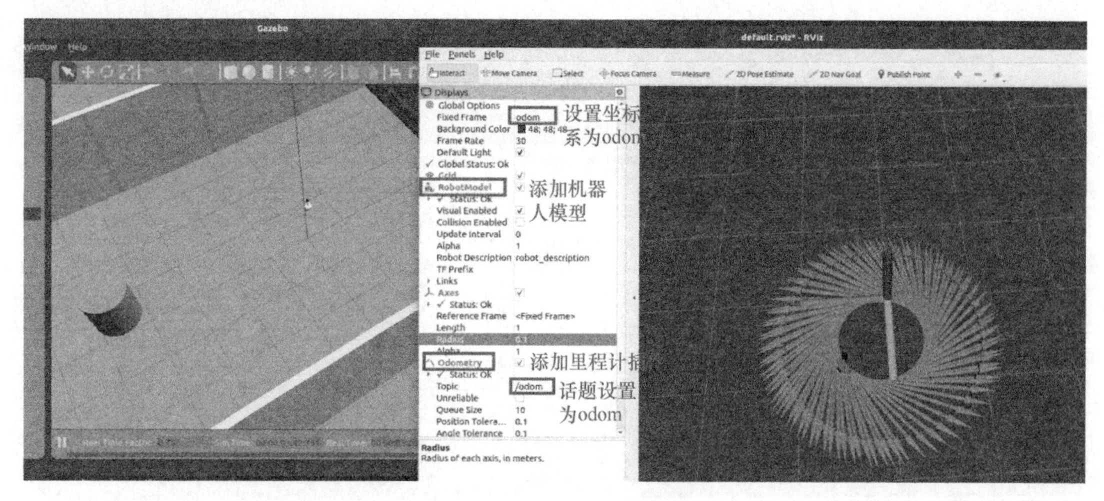

图 5-17　显示里程计数据

```
  <robot name="my_sensors" xmlns:xacro="http://wiki.ros.org/xacro">

  <! --雷达-->
<gazebo reference="laser">
    <sensor type="ray" name="rplidar">
        <pose>0 0 0 0 0 0</pose>
        <visualize>true</visualize>
        <update_rate>5.5</update_rate>
        <ray>
            <scan>
                <horizontal>
                    <samples>360</samples>
                    <resolution>1</resolution>
                    <min_angle>-3</min_angle>
                    <max_angle>3</max_angle>
                </horizontal>
            </scan>
            <range>
                <min>0.10</min>
                <max>30.0</max>
                <resolution>0.01</resolution>
            </range>
            <noise>
                <type>gaussian</type>
                <mean>0.0</mean>
                <stddev>0.01</stddev>
            </noise>
        </ray>
```

```
        <plugin name="gazebo_rplidar" filename="libgazebo_ros_laser.so">
            <topicName>/scan</topicName>
            <frameName>laser</frameName>
        </plugin>
    </sensor>
  </gazebo>
</robot>
```

2）.xacro 文件集成。将（1）中的 .xacro 文件集成进总的机器人模型文件，代码示例如下：

```
    <!--组合小车底盘与传感器--><robot name="my_car_camera" xmlns:xacro="http://wi-
ki.ros.org/xacro">
    <xacro:include filename="my_head.urdf.xacro" />
    <xacro:include filename="my_base.urdf.xacro" />
    <xacro:include filename="my_camera.urdf.xacro" />
    <xacro:include filename="my_laser.urdf.xacro" />
    <xacro:include filename="move.urdf.xacro" />
    <!--雷达仿真的.xacro 文件-->
    <xacro:include filename="my_sensors_laser.urdf.xacro" /></robot>
```

3）启动仿真环境。编写 .launch 文件，启动 Gazebo。

（2）Rviz 显示雷达数据　先启动 Rviz，添加雷达信息显示插件，界面如图 5-18 所示。

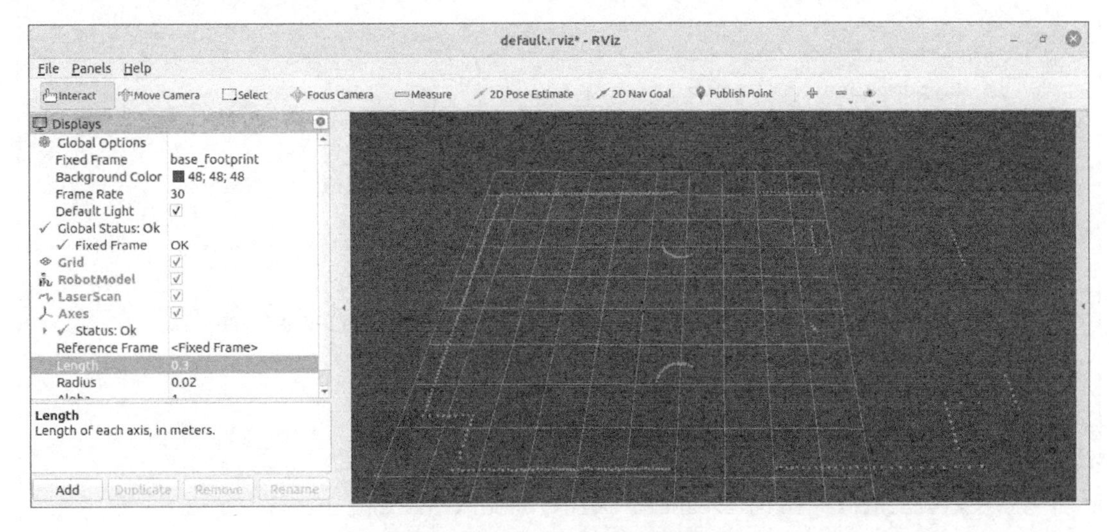

图 5-18　Rviz 显示雷达数据

7. 摄像头信息仿真以及显示

通过 Gazebo 模拟摄像头传感器，并在 Rviz 中显示摄像头数据。摄像头仿真基本流程如下：

1）对于已经创建完毕的机器人模型，编写一个单独的 .xacro 文件，为机器人模型添加摄像头配置。

2）将此文件集成进 .xacro 文件。

3）启动 Gazebo，使用 Rviz 显示摄像头信息。

（1）Gazebo 仿真摄像头

1）新建 .xacro 文件，配置摄像头传感器信息。

```
  <robot name="my_sensors" xmlns:xacro="http://wiki.ros.org/xacro">
<!--被引用的 link-->
<gazebo reference="camera">
  <!--类型设置为 camara-->
  <sensor type="camera" name="camera_node">
    <update_rate>30.0</update_rate> <!--更新频率-->
    <!--摄像头基本信息设置-->
    <camera name="head">
      <horizontal_fov>1.3962634</horizontal_fov>
      <image>
        <width>1280</width>
        <height>720</height>
        <format>R8G8B8</format>
      </image>
      <clip>
        <near>0.02</near>
        <far>300</far>
      </clip>
      <noise>
        <type>gaussian</type>
        <mean>0.0</mean>
        <stddev>0.007</stddev>
      </noise>
  </camera>
  <!--核心插件-->
  <plugin name="gazebo_camera" filename="libgazebo_ros_camera.so">
      <alwaysOn>true</alwaysOn>
      <updateRate>0.0</updateRate>
      <cameraName>/camera</cameraName>
      <imageTopicName>image_raw</imageTopicName>
      <cameraInfoTopicName>camera_info</cameraInfoTopicName>
      <frameName>camera</frameName>
      <hackBaseline>0.07</hackBaseline>
      <distortionK1>0.0</distortionK1>
      <distortionK2>0.0</distortionK2>
      <distortionK3>0.0</distortionK3>
      <distortionT1>0.0</distortionT1>
      <distortionT2>0.0</distortionT2>
```

```
        </plugin>
    </sensor>
</gazebo></robot>
```

2）. xacro 文件集成。将 1）中的 . xacro 文件集成进总的机器人模型文件，代码示例如下：

```
    <! --组合小车底盘与传感器--><robot name="my_car_camera" xmlns:xacro="http://wi-
ki. ros. org/xacro">
    <xacro:include filename="my_head. urdf. xacro" />
    <xacro:include filename="my_base. urdf. xacro" />
    <xacro:include filename="my_camera. urdf. xacro" />
    <xacro:include filename="my_laser. urdf. xacro" />
    <xacro:include filename="move. urdf. xacro" />
    <! --摄像头仿真的 . xacro 文件-->
    <xacro:include filename="my_sensors_camara. urdf. xacro" /></robot>/gazebo>
</robot>
```

3）启动仿真环境。编写 . launch 文件，启动 Gazebo。

（2）Rviz 显示摄像头数据　执行 Gazebo 并启动 Rviz，在 Rviz 中添加摄像头组件，显示摄像头数据界面如图 5-19 所示。

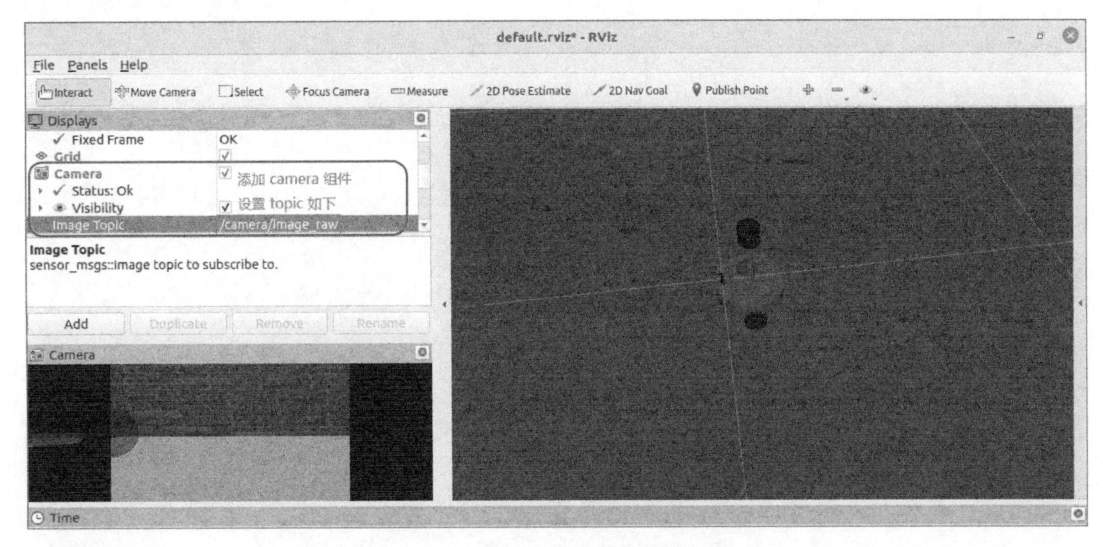

图 5-19　Rviz 显示摄像头数据界面

总结评价

1. 工作计划表

序号	工作内容	计划完成时间	完成情况自评	教师评价

2. 任务实施记录及改善意见

____

____

____

拓展练习

在 ROS 中进行机器人系统仿真。

项目 6 SLAM 与自主导航技术

项目简介

本项目主要介绍 SLAM（Simultaneous Localization and Mapping，同步定位与地图构建）的基本概念、基本算法及实现方法，旨在培养学生掌握各类地图的表示方式、不确定信息的描述方式以及环境特征的提取方式。通过在 TurtleBot 平台上运用对应的程序算法对不同的环境进行 SLAM 操作，学生可提高逻辑思维和解决实际问题的能力，培养对平台的调试能力，从而为提高核心职业竞争力和拓展职业空间打下坚实的基础。

教学目标

1. 知识目标

1）掌握 SLAM 的基本概念。

2）掌握 TurtleBot 平台的安装及使用方法。

3）理解 SLAM 的基本算法。

2. 能力目标

1）能够利用合适的命令操作 TurtleBot 平台。

2）能够正确安装 TurtleBot Burger 平台软件。

3）能够正确利用 SLAM 算法在 TurtleBot 平台中进行建图。

4）能够正确利用 SLAM 算法在 TurtleBot 平台中进行自主导航。

3. 素养目标

1）具有团队协作、交流沟通能力。

2）具有平台机器人安装、调试的初步能力。

3）具有解决实际问题的能力。

任务进阶

任务 1　初识 SLAM 技术

任务 2　基于 TurtleBot 平台的地图构建

任务 3　基于 TurtleBot 平台的自主导航

任务 1　初识 SLAM 技术

任务目标

任务名称	初识 SLAM 技术
任务描述	了解 SLAM 的发展历史、基本理论与方法，以及 SLAM 的基本流程与知识树
预习要点	1）SLAM 的发展历史 2）SLAM 的基本理论及方法 3）SLAM 的基本流程及知识树
材料准备	PC
参考学时	2

任务实施

1. SLAM 的发展历史

SLAM 由 Smith Self 和 Cheeseman 于 1986 年首次提出，至今，SLAM 技术已经走过了 30 多年的历史。SLAM 自主导航示例如图 6-1 所示。SLAM 系统使用的传感器在不断拓展，从早期的声呐到后来的 2D/3D 激光雷达，再到单目、双目、RGBD 和 ToF 等各种相机，以及与惯性测量单元 IMU 等传感器的融合。SLAM 的算法从开始的基于滤波器的方法（EKF、PF 等）向基于优化的方法转变，技术框架也从开始的单一线程向多线程演进。SLAM 的主要发展历程可划分为以下 3 个时代：

图 6-1　SLAM 自主导航示例

1）传统时代（1986—2004 年）。1986 年，SLAM 问题由 Smith 等人首次提出，将机器人定位和建图问题转换成状态估计问题，在概率框架之中展开研究，利用扩展卡尔曼滤波（EKF）、粒子滤波（PF）等滤波方法来求解。2004 年，SLAM 理论体系被建立起来，并且该理论框架的收敛性得到了论证。可以说，在理论上，SLAM 问题已经得到解决，这一时期也被称作 SLAM 的古典时期。在古典时期，滤波方法是解决 SLAM 问题的主要方法，EKF-SIAM 算法就是最突出的代表。不过 EKF-SLAM 在非线性近似和计算效率上都存在巨大的问题，于是有人提出了有效解决 SLAM 问题的 Rao-Blackwellized 粒子滤波算法，该算法将 SLAM 问题中的机器人路径估计和环境路标点估计进行分开处理，分别用粒子滤波和扩展卡尔曼滤波对二者进行状态估计。之后，基于 Rao-Blackwellized 粒子滤波的 SLAM 算法诞生，该算法被命名为 Fast-SLAM。也有人基于 Rao-Blackwelized 粒子滤波来研究构建栅格地图的 SLAM 算法，它就是 ROS 中大名鼎鼎的 Gmapping 算法。可以说，基于粒子滤波的 SLAM 算法大大提高了求解效率，使 SLAM 在工程得到应用成为可能。

2）算法分析时代（2004—2015 年）。该时代主要研究 SLAM 的基本特性，包括观测性、收敛性和一致性。在贝叶斯网络中采用滤波法求解 SLAM 的方法需要实时获取每一时刻的信息，并把信息分解到贝叶斯网络的概率分布中去，可以看出，滤波方法是一种在线 SLAM 方法，计算代价非常大。鉴于滤波方法计算代价大这一前提，机器人只能采用基于激光等的观测数据量不大的测距仪，并且只能构建小规模的地图，这是古典 SLAM 的鲜明特征。为了进行大规模建图，在因子图中采用优化方法求解 SLAM 的方法被提出。优化方法的思路与滤波方法恰恰相反，它只是简单地累积获取到的信息，然后利用之前所有时刻累积到的全局性信息离线计算机器人的轨迹和路标点，即优化方法是一种完全 SLAM 方法。由于优化方法糟糕的实时性，最开始并没有引起重视。随着优化方法在稀疏性和增量求解方面的突破，以及闭环检测方面的研究，它体现出巨大的价值。得益于计算机视觉研究的日趋成熟和计算机性能的大幅提升，基于视觉传感器的优化方法成为现代 SLAM 研究的主流方向。特别是 2016 年 ORB SLAM2 开源算法的问世，给学术界和商业界带来极大的鼓舞。

3）鲁棒性—预测性时代（2015 年至今）：在该阶段，SLAM 主要专注于鲁棒性、高级别的场景理解，计算资源优化，任务驱动的环境感知。视觉 SLAM 是在传统 SLAM 的基础上发展起来的，早期的视觉 SLAM 多采用扩展卡尔曼滤波等手段来优化相机位姿的估计和地图构建的准确性。后期随着计算能力的提升及算法的改进，BA 优化、位姿优化等手段逐渐成为主流。随着人工智能技术的普及，基于深度学习的 SLAM 越来越受到研究者的关注。

2. SLAM 的基本的理论及方法

SLAM 最早在机器人领域提出，它指的是机器人从未知环境的未知地点出发，在运动过程中通过重复观测到的环境特征定位自身的位置和姿态，再根据自身位置构建周围环境的增量式地图，从而达到同时定位和地图构建的目的。由于 SLAM 具有重要的学术价值和应用价值，一直以来都被认为是实现全自主移动机器人的关键技术。

如图 6-2 所示，通俗来讲，SLAM 回答了两个问题：“我在哪儿?”“我周围是什么?”。如同人到了一个陌生环境中一样，SLAM 试图要解决的就是恢复观察者自身和周围环境的相对空间关系，“我在哪儿?”对应的就是定位问题，而“我周围是什么?”对应的就是建图问题，给出周围环境的描述。回答了这两个问题，即完成了对自身和周围环境的空间认知。有了这个基础，就可以进行路径规划到达目的地。在此过程中还需要及时地检测并躲避遇到的障碍物，保证运行安全。

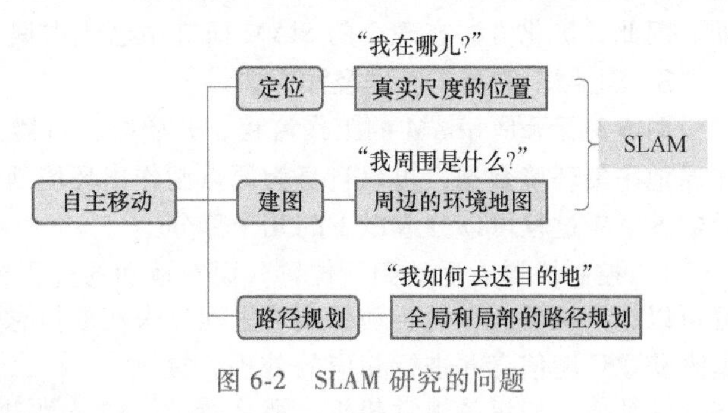

图 6-2　SLAM 研究的问题

SLAM 是一个状态估计问题，按照求解方法的不同，已经形成了两大类别，即滤波方法和优化方法。

（1）滤波方法　滤波方法根据其对噪声模型的不同处理方式，又分为参数滤波和非参数滤波。参数滤波按照选取噪声参数的不同，又可以分为卡尔曼滤波和信息滤波。卡尔曼滤波采用矩参数表示高斯分布，具体包括线性卡尔曼滤波（KF）、扩展卡尔曼滤波（EKF）和无迹卡尔曼滤波（UKF）；信息滤波采用正则参数表示高斯分布，具体包括线性信息滤波

（正）、扩展信息滤波（EIF）。参数滤波在非线性问题和计算效率方面有很多弊端，而非参数滤波在这些方面的表现较好，常见的有直方图滤波和粒子滤波。可以将滤波方法看成增量算法，机器人需要实时获取每一时刻的信息，并把信息分解到贝叶斯网络的概率分布中去，状态估计只针对当前时刻。计算信息都存储在平均状态矢量以及对应的协方差矩阵中，而协方差矩阵的规模按照地图路标数量的二次方增长，也就是说其具有 $Q(n^2)$ 计算复杂度。滤波方法在每一次观测后都要对该协方差矩阵执行更新计算，当地图规模很大时，计算将无法进行下去。

（2）优化方法　优化方法简单地累积获取到的信息，然后利用之前所有时刻累积到的全局性信息离线计算机器人的轨迹和路标点，这样就可以处理大规模地图了。优化方法的计算信息存储在各个待估计变量之间的约束中，利用这些约束条件构建目标函数并进行优化求解。这其实是一个最小二乘问题，实际中往往是非线性最小二乘问题。求解该非线性最小二乘问题大致有两种方法：一种方法是先对该非线性问题进行线性化近似处理，然后直接求解线性方程得到待估计量；另一种方法并不是直接求解，而是通过迭代策略让目标函数快速下降到最小值处，对应的估计量也就求出来了。常见的迭代策略有 Steepest Descent、Gauss-Newton、Levenberg-Marquardt 和 Dogleg 等，这些迭代策略广泛应用在机器学习、数学及工程等领域，有大量的现成代码库，比如 Ceres-Solver、GTSAM 和 iSAM 等。为了提高优化方法的计算实时性和精度，稀疏性、位姿图和闭环等也是热门的研究方向。滤波方法和优化方法其实就是最大似然和最小二乘的区别。滤波方法是增量式的算法，能实时在线更新机器人位姿和地图路标点。而优化方法是非增量式的算法，要计算机器人位姿和地图路标点，每次都要在历史信息中推算一遍，因此不能做到实时。相比于滤波方法中计算复杂度的困境，优化方法的困境在于存储。优化方法在每次计算时都考虑所有的历史累积信息，这些信息全部载入内存中，对内存容量提出了巨大的要求。优化方法中约束结构的稀疏性可以大大降低存储压力，并提供计算实时性。利用位姿图简化优化过程的结构，能大大提高计算实时性，将增量计算引入优化过程。闭环能有效降低机器人位姿的累积误差，对提高计算精度有很大帮助。因此，优化方法在现今的 SIAM 研究中已经占据了主导地位。

3. SLAM 的基本流程及知识树

图 6-3 所示是 SLAM 的工作流程，开始时，机器人把出发位姿作为初始位姿，并且开始在原地采集环境数据，再以自身为原点制作出环境地图，此时把该地图设置为全局地图，随后的 SLAM 过程可以分成以下的几个部分：

1）控制机器人运动到新位置，而在运动的过程中，机器人依靠自身安装于机器人底盘且可以记录机器人车轮转动弧度的里程计来获取信息并进行位姿预测，同时其利用传感器数据来获取环境信息并进行相应的处理，提取其特征值。如果是视觉相机，那么特征值就是一些特征点，并创建当前位置下的局部地图。

2）首先将从传感器数据中获得的特征信息和全局特征信息进行特征点的匹配，然后通过把初始位姿信息和特征匹配的信息输入位姿的求解算法中来进行新位置的机器人位姿估计，实现移动机器人在新位置的自定位。

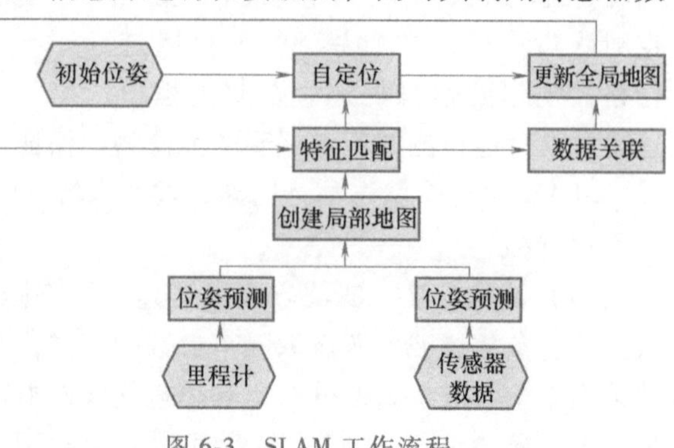

图 6-3　SLAM 工作流程

3）在特征点匹配完成之后，利用观测值来更新相应的特征值，以进行数据关联。所谓数据关联，就是指观测到的数据与原来已经在全局地图中的特征值相互之间的关系，明确它们有怎样的关联。关联完成后，就明确了新观测的值和原来地图的特征值的关系，然后结合自定位，就可以将新观测的特征值更新到全局地图的特征值中。

4）通过不断地控制机器人的移动来不断地进行上述机器人的定位和制图过程。

SLAM 是一个复杂的研究领域，涉及非常多的关键技术，知识树如图 6-4 所示。要学好

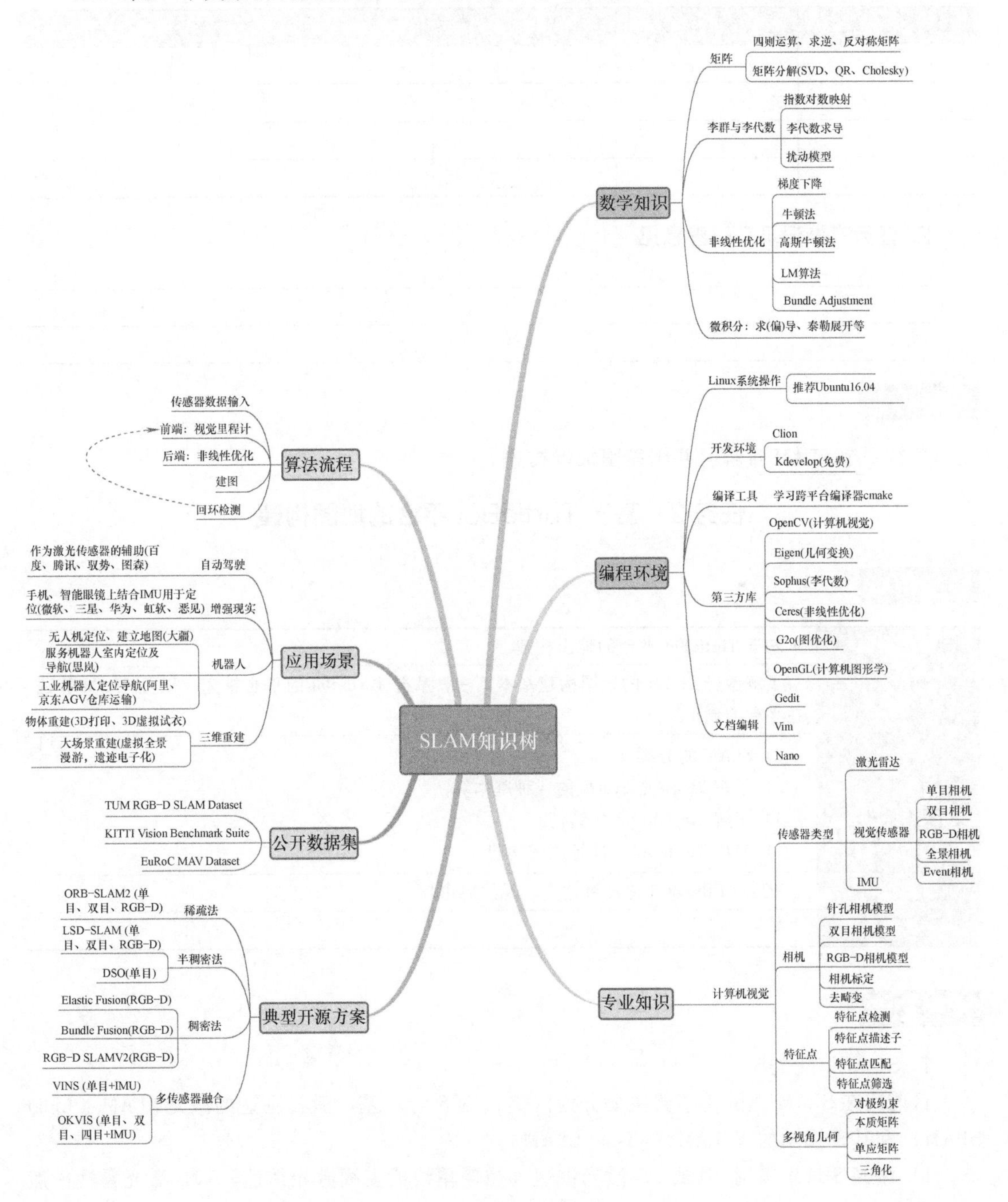

图 6-4　SLAM 知识树

SLAM，需要在全局上把握理论本质，再将具体的 SLAM 实现算法在机器人本体上用起来。单纯地学习理论知识，或单纯地执行 SLAM 实现算法，都无法达到融会贯通的效果，更不用说依据实际需求修改并完善开源 SLAM 代码或编写自己的代码了。

总结评价

1. 工作计划表

序号	工作内容	计划完成时间	完成情况自评	教师评价

2. 任务实施记录及改善意见

____

____

____

拓展练习

总结一个 SLAM 过程，并用简图加以描述。

任务 2　基于 TurtleBot 平台的地图构建

任务目标

任务名称	基于 TurtleBot 平台的地图构建
任务描述	了解激光 SLAM 的地图构建基本算法，掌握 TurtleBot 的平台搭建，以及 SLAM 算法在平台的调用
预习要点	1）SLAM 的分类 2）了解 2D 激光 SLAM 的 4 种基本算法 3）了解 TurtleBot 3 的结构 4）使用 TurtleBot 3 进行地图构建
材料准备	PC、TurtleBot 3 移动机器人、无线路由器
参考学时	4

预备知识

1. SLAM 的分类

目前用在 SLAM 上的传感器主要分为两类（图 6-5）：基于激光雷达的激光 SLAM（Lidar SLAM）和基于视觉的 VSLAM（Visual SLAM）。

1）激光 SLAM 采用 2D 或 3D 激光雷达（也叫单线或多线激光雷达），2D 激光雷达一般用于室内机器人上（如扫地机器人），而 3D 激光雷达一般用于无人驾驶领域，如图 6-6 所示。

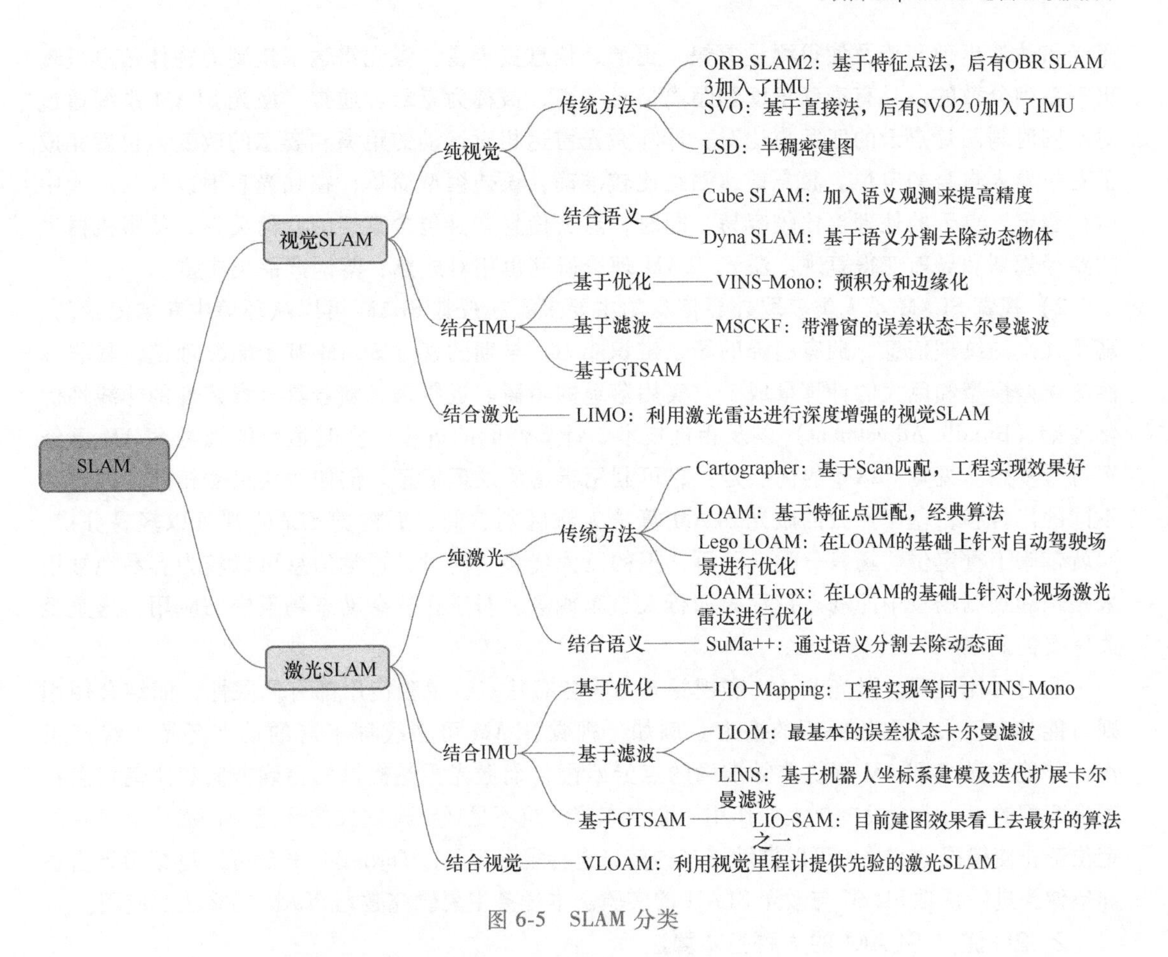

图 6-5　SLAM 分类

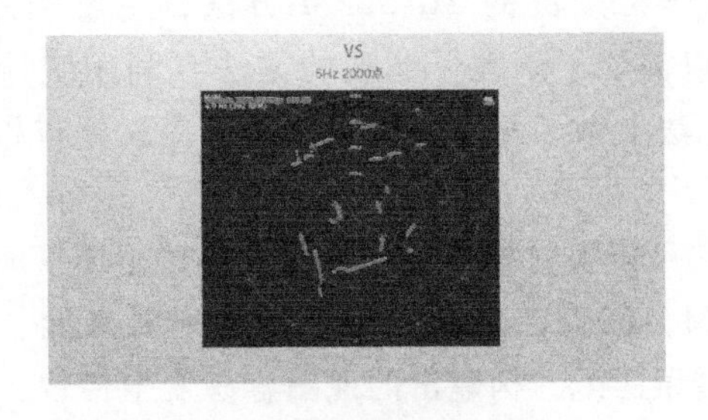

a)

b)

图 6-6　激光雷达

a）2D 激光雷达　b）3D 激光雷达

激光雷达的出现和普及使得测量更快、更准，信息更丰富。激光雷达采集到的物体信息呈现出一系列分散的、具有准确角度和距离信息的点，被称为点云。通常，激光 SLAM 系统通过对不同时刻两片点云的匹配与比对，计算激光雷达相对运动的距离和姿态的改变，也就完成了对机器人自身的定位。激光雷达测距比较准确，误差模型简单，在强光直射以外的环境中运行稳定，点云的处理也比较容易。同时，点云信息本身包含直接的几何关系，使得机器人的路径规划和导航变得直观。激光 SLAM 理论研究也相对成熟，落地产品更丰富。

2）视觉 SLAM 是人类获取外界信息的主要来源。视觉 SLAM 可以从环境中获取海量的、富于冗余的纹理信息，拥有超强的场景辨识能力。早期的视觉 SLAM 基于滤波理论，其非线性的误差模型和巨大的计算量成了它实用落地的障碍。近年来，随着具有稀疏性的非线性优化理论（Bundle Adjustment）以及相机技术、计算性能的进步，实时运行的视觉 SLAM 已经不再是梦想。视觉 SLAM 的优点是：它可利用丰富的纹理信息。例如两块尺寸相同、内容却不同的广告牌，基于点云的激光 SLAM 算法无法区别它们，而视觉 SLAM 则可以轻易分辨。这就带来了重定位、场景分类上无可比拟的巨大优势。同时，视觉信息可以较为容易地被用来跟踪和预测场景中的动态目标，如行人、车辆等。对于在复杂动态场景中的应用，这是至关重要的。

通过对比发现，激光 SLAM 和视觉 SLAM 各有特点，单独使用都有局限性，而结合使用则可能具有巨大的取长补短的潜力。例如，视觉 SLAM 可在纹理丰富的动态环境中稳定工作，并能为激光 SLAM 提供非常准确的点云匹配，而激光雷达提供的精确方向和距离信息在正确匹配的点云上会发挥更大的作用。而在光照严重不足或纹理缺失的环境中，激光 SLAM 的定位工作使得视觉 SLAM 可以借助不多的信息进行场景记录。TurtleBot 平台可以搭载激光雷达和摄像头进行视觉 SLAM 与激光 SLAM 的实验。本任务主要研究激光 SLAM 的算法及应用。

2. 2D 激光 SLAM 的 4 种基本算法

（1）Gmapping 算法　Gmapping 是应用非常广泛的 2D SLAM 方法，主要利用 RBPF（Rao-Blackwellized Particle Filters）方法，所以需要了解粒子滤波的方法（利用统计特性描述物理表达式的结果）。Gmapping 在 RBPF 算法上做了两个主要的改进：提议分布和选择性重采样。

Gmapping 算法的信息流如图 6-7 所示，它可以实时构建室内地图，构建小场景地图所需的计算量较小且精度较高。相比 Hector SLAM，该算法对激光雷达的频率要求低、鲁棒性高，Hector 在机器人快速转向时很容易发生错误匹配，构建出的地图容易发生错位，原因主要是优化算法容易陷入局部最小值。而相比 Cartographer，在构建小场景地图时，Gmapping

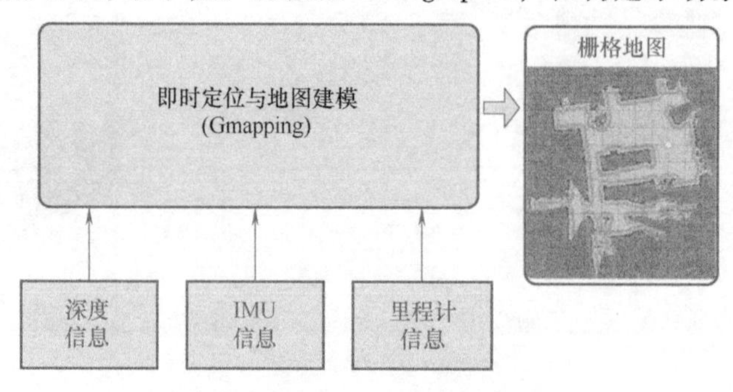

图 6-7　Gmapping 算法的信息流

算法不需要太多的粒子且没有回环检测，因此计算量小于 Cartographer，而精度却没有差太多。

随着场景增大，所需的粒子增加，因为每个粒子都携带一幅地图，在构建大地图时所需的内存和计算量都会增加，因此不适合构建大场景地图。由于不能回环检测，因此在回环闭合时可能会造成地图错位，虽然增加粒子数目可以使地图闭合，但要以增加计算量和内存为代价。

优点：在长廊及低特征场景中的建图效果好。

缺点：依赖里程计（Odometry），无法适用于无人机及地面小车，无回环。

（2）Hector 算法　Hector 算法对传感器的要求比较高，它主要是利用高斯牛顿方法来解决 scan-matching 的问题。Hector Slam 无须使用里程计，所以在不平坦区域实现建图的空中无人机及地面小车具有运用的可行性。Hector Slam 方法的处理流程如图 6-8 所示。

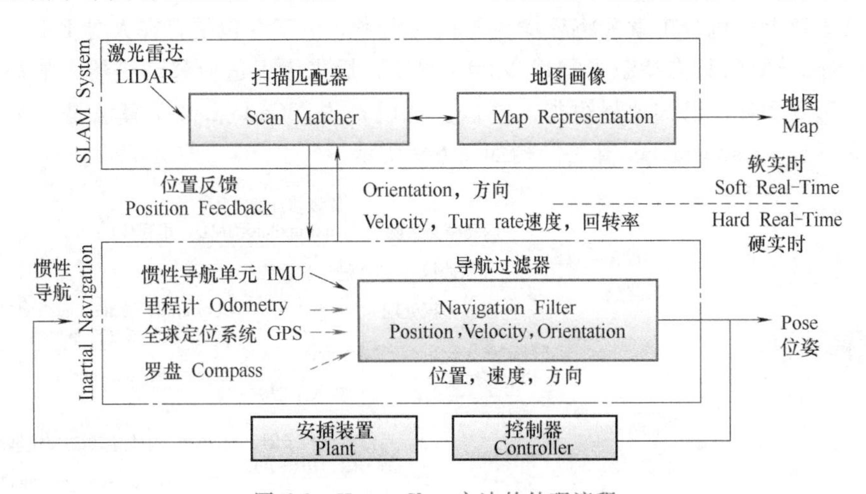

图 6-8　Hector Slam 方法的处理流程

由于需具备高更新频率且测量噪音小的激光扫描仪，所以在建图过程中，robot 的速度要控制在较低的情况下才会有比较理想的效果，这也是它没有回环的一个后遗症。另外，在里程计数据比较精确的情况下无法有效利用里程计信息。实验表明，在大地图、低特征（Distinctive Landmarks）场景中，Hector 的建图误差高于 Gmapping 算法，这是由于 Hector 过分依赖 scan-matching，特别是在长廊问题中，误差更加明显。Hector Slam 通过最小二乘法匹配扫描点，并且依赖高精度的激光雷达数据，因此扫描角很小且噪声较大的 Kinect 是不行的，匹配时会陷入局部点，地图会比较混乱。

优点：不需要使用里程计，所以空中无人机及地面小车在不平坦区域建图时存在运用的可行性；利用已经获得的地图对激光束点阵进行优化，估计激光点在地图的表示与占据网格的概率；利用高斯牛顿方法解决 scan-matching 问题，获得激光点集映射到已有地图的刚体变换；为避免局部最小而非全局最优，使用多分辨率地图；导航中的状态估计加入惯性测量系统（IMU），使用 EKF 滤波。

缺点：需要雷达（LRS）的更新频率较高，测量噪声小；在建图过程中，robot 的速度控制在比较低的情况下，建图效果才会比较理想，这也是它没有回环（Loop Close）的一个后遗症。在里程计数据比较精确时，无法有效利用里程计信息。

（3）Karto 算法　Karto 算法是基于图优化的方法，用高度优化和非迭代 cholesky 矩阵进行稀疏系统解耦并作为解，图优化方法利用图的均值表示地图，每个节点都表示机器人轨迹的一个位置点和传感器测量数据集，箭头指向处的连接表示连续机器人位置点的运动，每个新节点的加入，地图就会依据空间中节点箭头的约束进行计算更新。

Karto slam 的 ROS 版本采用的稀疏点调整（the Spare Pose Adjustment，SPA）与扫描匹配和闭环检测相关。地标（landmark）越多，内存需求越大。然而图优化方法相比其他方法在大环境下的建图优势更大。在某些情况下，Karto slam 会更有效，因为它仅包含点的图，求得位置后再求 map。

（4）Cartographer 算法　Cartographer 算法主要在提高建图精度和提高后端优化效率方面做了创新。当然，Cartographer 算法在工程应用上的创新也很有价值，它最初是为谷歌的背包设计的建图算法。谷歌背包是搭载了水平单线激光雷达、垂直单线激光雷达和 IMU 的装置，用户只要背上背包行走就能将环境地图扫描出来。由于背包是背在人身上的，因此最开始的 Cartographer 算法只支持激光雷达和 IMU 建图，后来为了适应移动机器人的需求，将轮式里程计、GPS 和环境已知地标也加入算法。也就是说，Cartographer 算法是一个多传感器融合的建图算法。Cartographer 算法结构如图 6-9 所示。

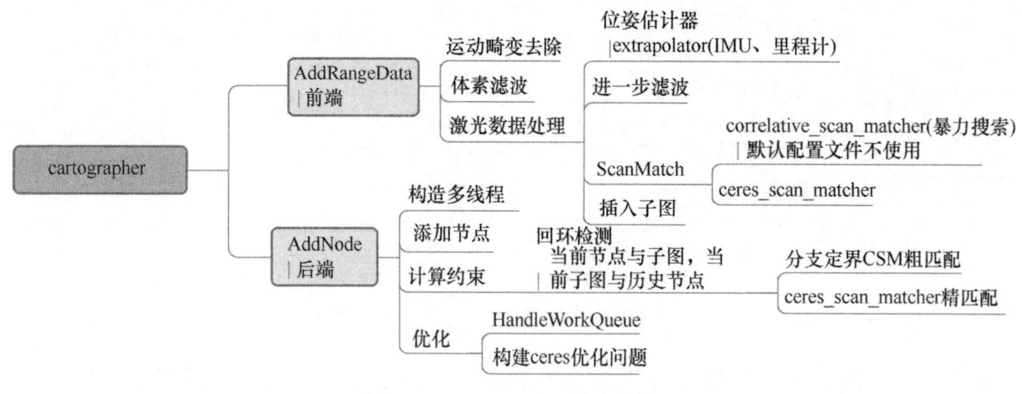

图 6-9　Cartographer 算法结构

Cartographer 算法的开源代码主要包含两个部分：Cartographer 部分和 Cartographer_ROS 部分。Cartographer 部分主要负责处理来自激光雷达、IMU 和里程计的数据，并基于这些数据进行地图的构建，是 Cartographer 理论的底层实现。Cartographer_ROS 部分则是基于 ROS 的通信机制获取传感器的数据，并将它们转换成 Cartographer 中定义的格式传递给 Cartographer 处理，与此同时，也将 Cartographer 的处理结果发布，用于显示或保存，是基于 Cartographer 的上层应用。Cartographer_ROS 相当于对 Cartographer 的 ROS 封装。

3. TurtleBot 3 的结构

TurtleBot 3 是 TurtleBot 系列中的第三代产品，它在第二代的基础之上做了一些改进，并开发了一些新功能，以补充前一版本缺乏的功能及满足用户的需求。TurtleBot 3 采用机器人智能驱动器 Dynamixel 驱动，是一款小型的、可编程的、基于 ROS 的高性价比移动机器人，可用于教育、研究和产品原型制造。TurtleBot 3 的结构如图 6-10 所示，参数见表 6-1。

1）传感器：TurtleBot 3 配备了通用的 360° LiDAR。

2）尺寸：TurtleBot 3 Basic 的尺寸为 140mm×140mm×150mm（长×宽×高）。

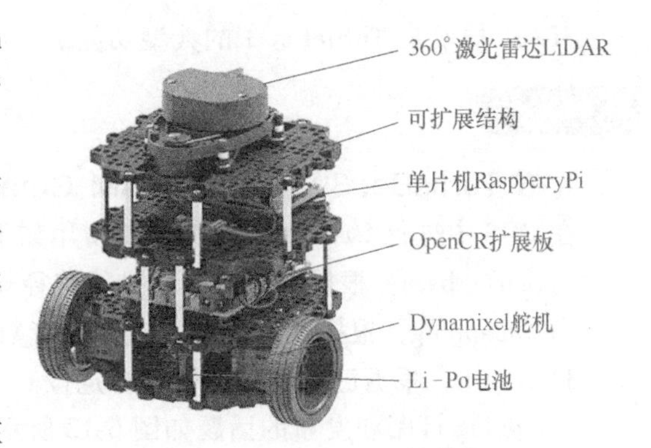

图 6-10　TurtleBot 3 的结构

3）ROS 标准：TurtleBot 品牌由 Open Source Robotics Foundation, Inc. （OSRF）管理，OSRF 可开发和管理 ROS。

4）结构可扩展性：TurtleBot 3 的整体结构由可 3D 打印的模块装配而成，支持开发者自己设计、更改结构，并且官方提供了很多扩展改装案例。

4. 使用 TurtleBot 3 进行地图构建

机器人从未知环境的未知地点出发，在运动过程中通过重复观测到的地图特征（如墙角、柱子等）定位自身位置和姿态，再根据自身位置增量式地构建地图，从而达到同时定位和地图构建的目的。TurtleBot 平台的 SLAM 传感器数据处理过程如图 6-11 所示。

表 6-1　TurtleBot 3 的参数

型号	Burger	Waffle Pi
最大运动速度	0.22m/s	0.26m/s
最大角速度	2.84rad/s(162.72°/s)	1.82rad/s(104.27°/s)
最大负载	15kg	30kg
尺寸(L×W×H)	138mm×178mm×192mm	281mm×306mm×141mm
自重(含控制板、电池、传感器)	1kg	1.8kg
通过障碍高度	≤10mm	
预计工作时间	2.5h	2h
预计充电时间	2.5h	
嵌入式控制板	树莓派 3B/3B+	
控制单元	32 位 ARM Cortex®-M7 带 FPU(216MHz,462DMIPS)	
激光测距仪	360°激光距离传感器 LDS-01	
相机	无	树莓派相对模块 v2.1
IMU	3 轴陀螺仪、3 轴加速度计、3 轴磁强计	

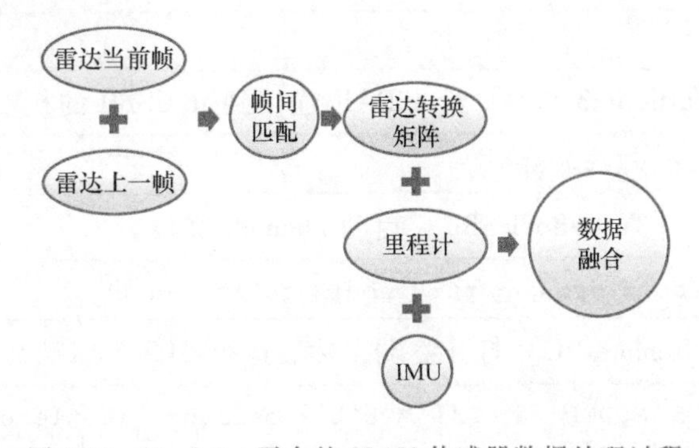

图 6-11　TurtleBot 平台的 SLAM 传感器数据处理过程

SLAM 技术是 TurtleBot 3 的典型功能。

任务实践

1. 在 TurtleBot 3 平台利用 SLAM Gmapping 算法建图

在 ROS 中进行 Gmapping 导航需要使用如下 3 个包：

1）move_base：根据参照的消息进行路径规划，使移动机器人到达指定的位置。

2）Gmapping：根据激光数据（或者深度数据模拟的激光数据）建立地图。

3）ACML：根据已经有的地图进行定位。

Gmapping 订阅和发布的话题如图 6-12 所示。

1）Gmapping 包，Gmapping 订阅和发布的话题接收了坐标系之间的转换关系（odom 与 base_link）和激光雷达的数据，发布了 map 与 odom 之间的坐标转换数据、进行了机器人定位，并建立了地图数据。

2）move_base 包，它接收了地图数据等，通过代价地图等进行路径规划。

3）AMCL 包，通过已有的数据进行定位，接收了激光雷达、地图数据和坐标系之间的转换关系，输出修正后的定位数据。

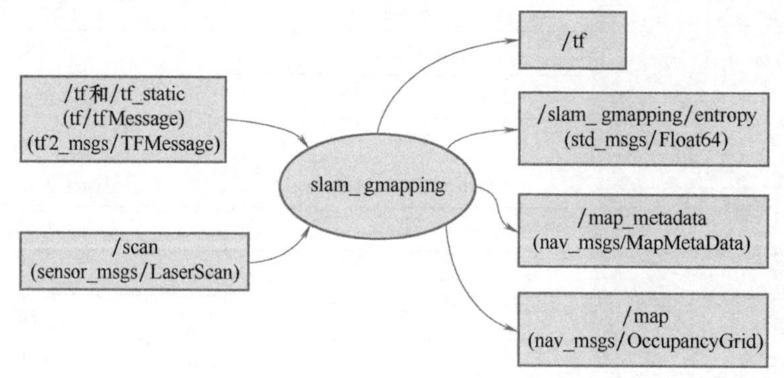

图 6-12 Gmapping 订阅和发布的话题

用户可以通过启用 Rviz 把 TurtleBot 实物或者 Gazebo 中的 TurtleBot 模型进行联合应用。如图 6-13 所示，机器人模型可以在 Rviz 中显示，并且相机的图像、激光雷达的扫描结果也能显示。

在 TurtleBot 中启用 Gmapping 算法：

1）roscore 命令：[Remote PC] 启动系统，配置网络。

```
$ roscore
```

2）sudo 命令：[TurtleBot3 SBC] 给 LiDAR 连接到 ttyUSB0 的权限。

```
$ sudo chmod a+rw /dev/ttyUSB0
```

3）roslaunch 命令：[TurtleBot3 SBC] 启动 . launch 文件。

```
$ roslaunch turtlebot3_bringup turtlebot3_robot.launch
```

4）export 命令：[Remote PC] 打开终端，然后运行 SLAM 启动文件。

```
$ export TURTLEBOT3_MODEL = ${TB3_MODEL} roslaunch turtlebot3_bringup turtle-
bot3_robot.launch
```

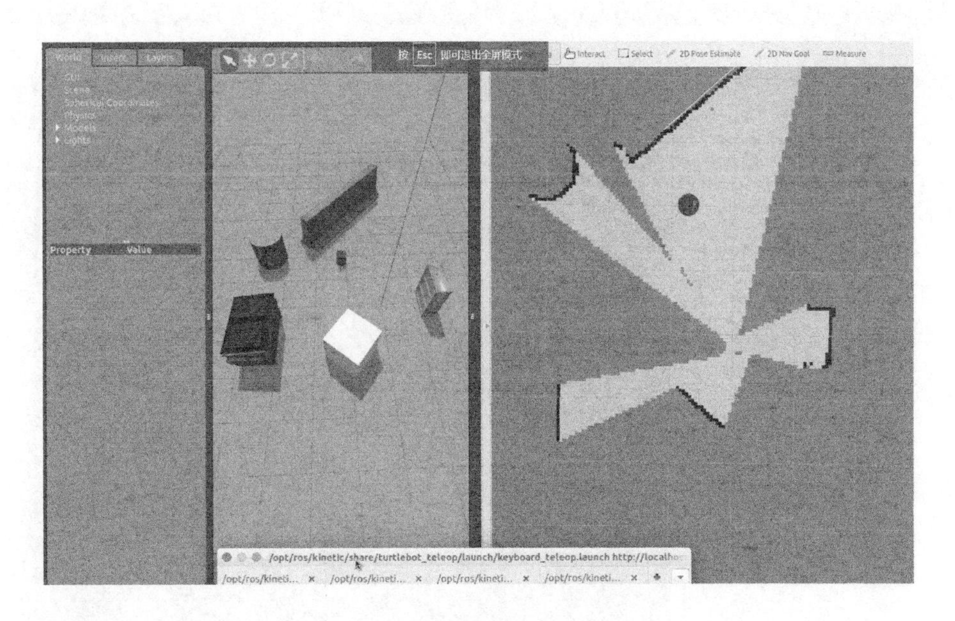

图 6-13 TurtleBot 启用 Rviz 可视化建图

5）roslaunch 命令：［TurtleBot3 SBC］启动 . launch 文件。

```
$  roslaunch turtlebot3_slam turtlebot3_slam.launch slam_methods:=gmapping
```

6）rosrun 命令：［Remote PC］通过 Rviz 可视化模型。

```
$  rosrun rviz rviz-d `rospack find
$  turtlebot3_slam`/rviz/turtlebot3_slam.rviz
```

7）rosrun 命令：［Remote PC］打开终端，然后运行地图，保存节点。

```
$  rosrun map_server map_saver-f ~/map
```

保存地图。

Gmapping 算法建图示例如图 6-14 所示。

2. 在 TurtleBot 3 平台利用 SLAM Hector 算法建图

roslaunch 命令：［TurtleBot 3 SBC］启动 . launch 文件。

```
$ roslaunch turtlebot3_slam turtlebot3_slam.launch slam_methods:=hector
```

3. 在 TurtleBot 3 平台用 SLAM Karto 算法建图

roslaunch 命令：［TurtleBot 3 SBC］启动 . launch 文件。

```
$  roslaunch turtlebot3_slam turtlebot3_slam.launch slam_methods:=karto
```

4. 在 TurtleBot 3 平台用 SLAM Cartographer 算法建图

roslaunch 命令：［TurtleBot 3 SBC］启动 . launch 文件。

```
$ roslaunch turtlebot3_slam turtlebot3_slam.launch slam_methods:= cartographer
```

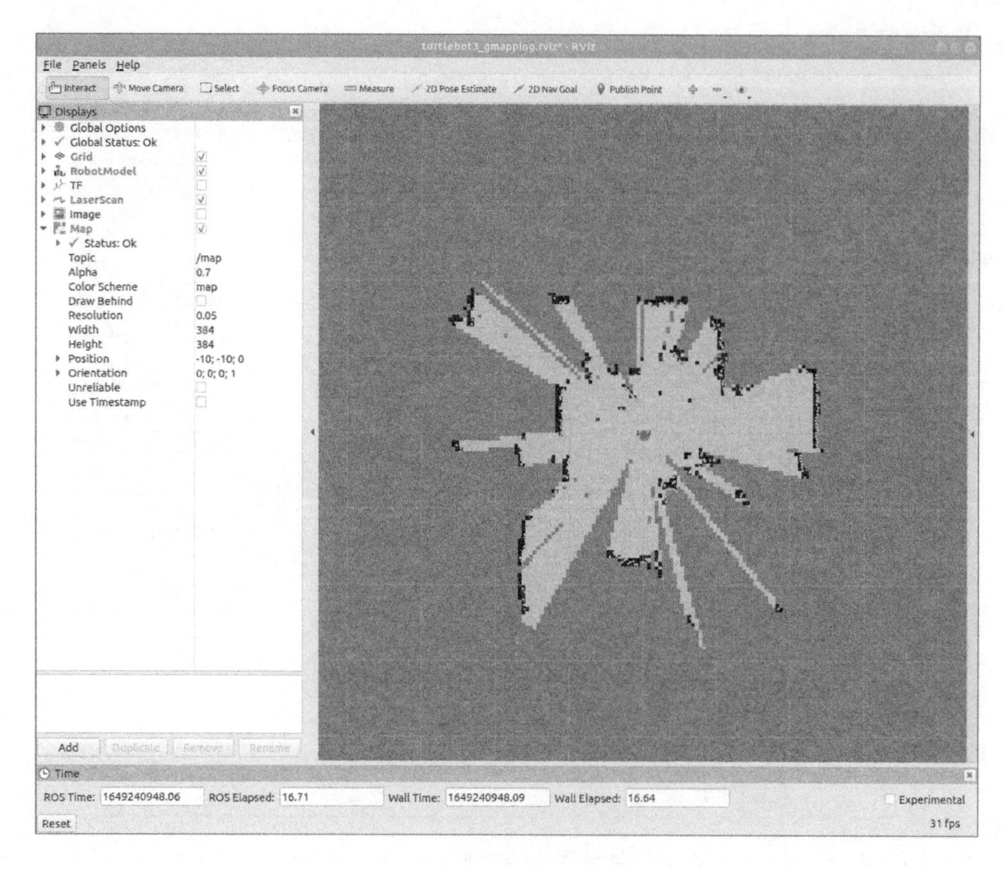

图 6-14　Gmapping 算法建图示例

5. 保存地图，并记录不同算法建图用时

总结评价

1. 工作计划表

序号	使用算法	计划完成时间	实际用时	教师评价

2. 任务实施记录及改善意见

____

____

____

拓展练习

SLAM 生成的地图类型有哪些？还有哪些类型的地图？

任务3　基于TurtleBot平台的自主导航

任务目标

任务名称	基于TurtleBot平台的自主导航
任务描述	使用TurtleBot 3平台在实验室搭建的地图中进行自主导航
预习要点	1）自主导航的概念 2）使用TurtleBot平台实现自主导航
材料准备	PC、TurtleBot 3移动机器人、无线路由器
参考学时	4

预备知识

1. 自主导航的概念

导航其实是一个很古老的问题。古代行军打仗时会将战场的地形绘制在布匹上，然后根据观测到的地形、地貌与地图比对并确定位置。在航海中，由于周围没有太多可观测的地形，因此航海家通常借助指南针和天上的星星来确定位置。如今，航天、航海、汽车和日常出行等方方面面都离不开全球导航卫星系统（Global Navigation Satellite System，GNSS）。GNSS包括美国的GPS、俄罗斯的GLONASS、欧盟的GALILEO以及中国的北斗等。前面任务中介绍的方法只是解决了自主导航问题中的定位问题而已。自主导航问题的本质可以参阅图6-15来理解，也就是从地点A自主移动到地点B的问题。当向机器人下达移动到地点B的命令后，机器人会问3个问题："我在哪""我将到何处"以及"我该如何去"。目前，自主导航主要针对的是机器人、无人机和无人驾驶汽车等无人操控的对象。对于室内低速移动的机器人，自主导航会相对容易一些；而对于室外高速移动的无人驾驶汽车或无人机，自主导航会更难一些。不过这些自主导航系统都要通过所搭载的传感器来进行环境感知，并利用感知到的信息做决策，从而控制执行器运动。

2. 全局规划

要实现自主导航过程，运动规划至少要实现两个层次的模块。一个是全局规划，全局规划与车载导航仪相似，它需要在地图上预先规划一条线路，也需要当前机器人的位置，这是由SLAM系统提供的。全局规划一般用A*算法（效果示例如图6-16所示）来实现，它是一种启发式的搜索算法，有较好的性能和准确度。它最多的应用是在游戏中，如星际争霸、魔兽争霸等即时战略游戏都是使用这个算法来计算单位的运动轨迹的。

3. 局部规划

仅仅规划了路径还是不够的，现实中会有很多突发情况，故需要调整原先的路径。当然，有时候这种调整并不需要重新计算全局路径，机器人稍微绕一个弯即可。此时就需要另一个层次的规划模块，即局部规划。它可能并不知道机器人最终要去哪，但是对于机器人怎么绕开当前的障碍物特别有效。机器人在经过全局规划后，调用局部路径规划器，根据规划出的路线及costmap的信息规划出机器人在局部做出的具体行动策略，ROS中主要使用

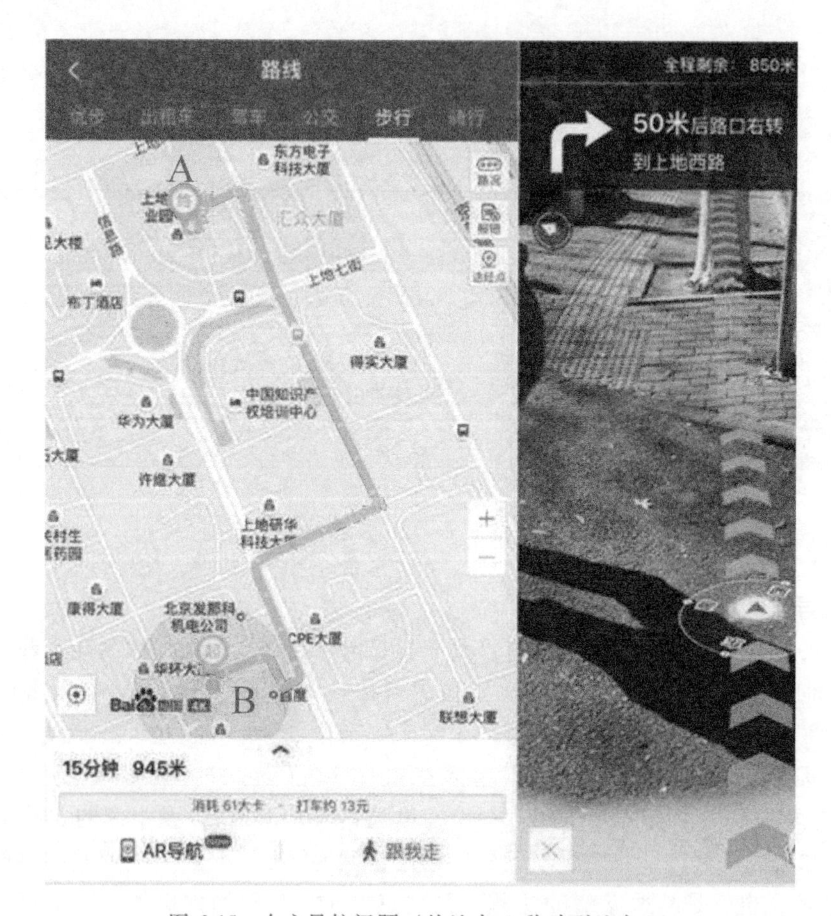

图 6-15 自主导航问题（从地点 A 移动到地点 B）

DWA 算法（效果示例如图 6-17 所示）。在 ROS 中，每当 move_base 处于规划状态时，就调用 DWA 算法计算出一条最佳的速度指令发送给机器人运动底盘去执行。

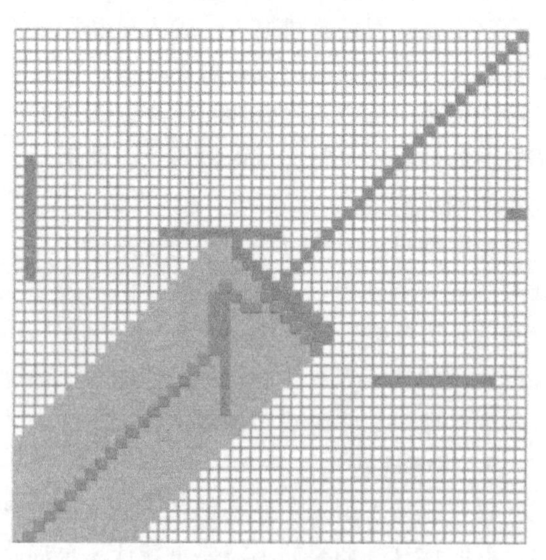

图 6-16 A* 算法效果示例

4. 已知地图（A Star）与未知地图（DWA）算法

全局规划模块和局部规划模块协同工作，机器人就可以很好地实现从 A 点到 B 点的移动了，不过在实际工作环境下，这些配置还不够。比如，A Star 算法规划的路径是根据已知地图预先规划好的，一旦机器人前往目的地的过程中遇到了新的障碍物，只好完全停下来，等待障碍物离开或者重新规划路径。如果扫地机器人买回家后必须先把屋子走一遍才肯扫地，那么用户体验就会很差。为此，也有针对这类算法的改进，比如思岚科技的自主定位导航组件采用改良的 DWA

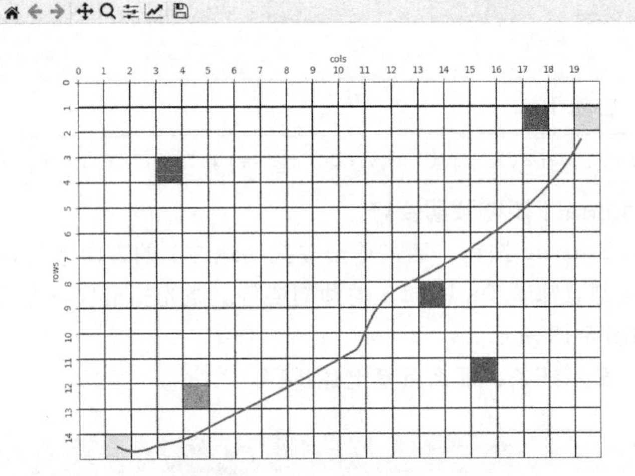

图 6-17　DWA 算法的效果示例

算法进行路径规划，这也是美国火星探测器采用的核心寻路算法。这是一种动态启发式路径搜索算法，可让机器人在陌生的环境中行动自如，在瞬息万变的环境中游刃有余。DWA 算法的最大优点是：不需要预先探明地图，机器人可以像人一样，即使在未知环境中也可以展开行动，随着机器人不断探索，路径也会时刻调整。

5. 空间覆盖

前面介绍的算法是目前大部分移动机器人需要的路径规划算法，而扫地机器人作为最早出现在消费市场的服务机器人之一，它需要的路径规划算法更为复杂。一般来说，扫地机器人需要几种规划能力：贴边打扫、折返的工字形清扫以及没电时的自主充电。单单依靠前面介绍的 DWA 这类算法，无法满足这些基础需要。

扫地机器人还需要有额外的规划算法，比如针对折返的工字形清扫。扫地机器人如何最有效地进行清扫而不重复清扫？如何让扫地机器人和人一样理解房间、门和走廊这些概念？针对这些问题，学术界长久以来有一个专门的研究课题，即空间覆盖（Space Coverage）。与此同时，也提出了非常多的算法和理论。其中比较有名的是 Morse Decompositions，扫地机器人通过这种算法可对空间进行划分，随后进行清扫。

任务实践

1. 使用 TurtleBot 平台实现自主导航

1）roscore 命令：［Remote PC］启动系统，配置网络。

```
$ roscore
```

2）roslaunch 命令：［Remote PC］启动导航文件。

```
$ roslaunch turtlebot3_bringup turtlebot3_robot.launch
```

3）export 命令：{TB3_MODEL} 为 TurtleBot 的型号，这里为 burger。

```
$ export TURTLEBOT3_MODEL=${TB3_MODEL}
```

4）roslaunch 命令：HOME/map.yaml 为之前保存的地图路径。

```
$ roslaunch turtlebot3_navigation turtlebot3_navigation.launch map_file:=$HOME/map.yaml
```

5）rosrun 命令：启动 Rviz。

```
$ rosrun rviz rviz-d `rospack find turtlebot3_navigation`/rviz/turtlebot3_nav.rviz
```

2. 2D Pose Estimate 调整预期姿势

1）单击 2D Pose Estimate 按钮，通过单击并拖动地图上的方向来设置大致位置。

2）箭头的每个点都意味着 TurtleBot 3 的预期姿势。激光扫描仪将在近似位置绘制线条，如地图上的墙壁，如图 6-18 所示。

3）如果图形没有显示线条，那么重复上述过程。

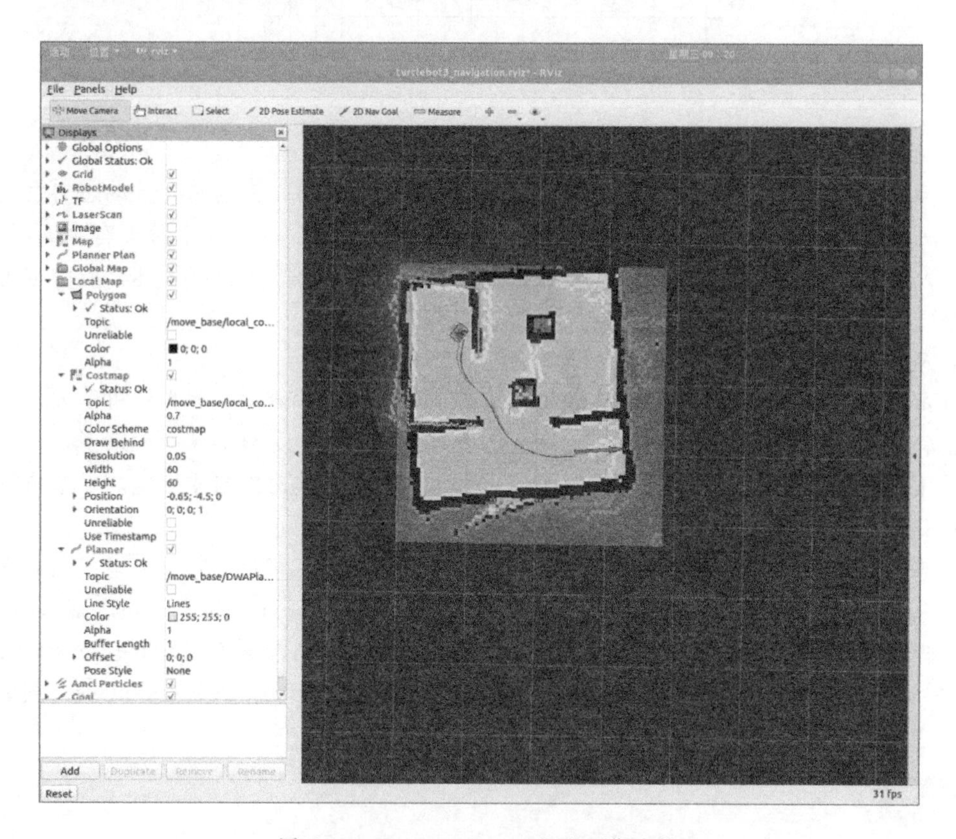

图 6-18　2D Pose Estimate 调整预期姿势

3. ［Remote PC］ TurtleBot 3 发送目标位置

1）先单击 2D Nav Goal 按钮，然后单击地图上想要的 TurtleBot 的目标位置，同时朝着目标方向上拖动鼠标指针。

2）如果目标位置的路径被阻止，那么可能会失败。

3）要在机器人到达目标位置之前停止机器人，可发送 TurtleBot 3 的当前位置。

选择 4 个点分别进行导航，同时保存导航路线图，并记录目标距离和用时，如图 6-19 所示。

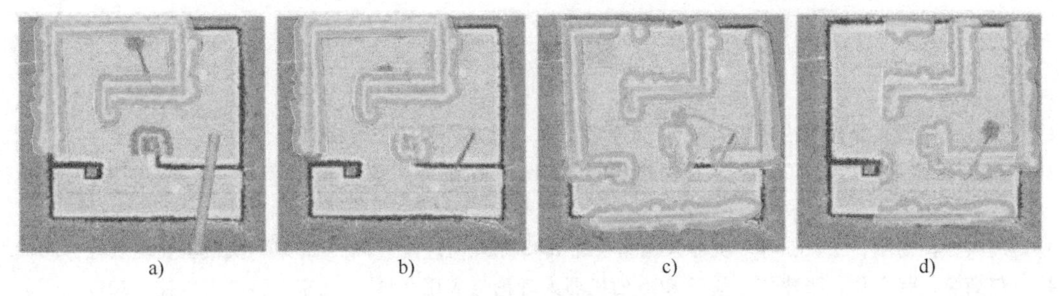

图 6-19　指定目标位置与姿势

总结评价

1. 工作计划表

序号	目标距离/cm	完成时间	完成情况自评	教师评价

2. 任务实施记录及改善意见

____

____

____

拓展练习

自主导航的结果受哪些因素的影响？

参考文献

[1] 杰森. 机器人操作系统浅析［M］. 肖军浩，译. 北京：国防工业出版社，2016.
[2] 费尔南德斯，等. ROS 机器人程序设计［M］. 刘锦涛，张瑞雷，等译. 北京：机械工业出版社，2016.
[3] 周兴杜，杨刚，王岚，等. 机器人操作系统 ROS 原理与应用［M］. 北京：机械工业出版社，2017.
[4] 何炳蔚，张立伟，张建伟. 基于 ROS 的机器人理论与应用［M］. 北京：科学出版社，2017.
[5] 胡春旭. ROS 机器人开发实践［M］. 北京：机械工业出版社，2018.
[6] 蒋畅江，罗云翔，张宇航，等. ROS 机器人开发技术基础［M］. 北京：化学工业出版社，2022.
[7] 费尔柴尔德，哈曼. ROS 机器人开发：实用案例分析［M］. 吴中红，石章松，潘丽，等译. 北京：机械工业出版社，2018.
[8] 约瑟夫，卡卡切. 精通 ROS 机器人编程［M］. 张新宇，张志杰，等译. 北京：机械工业出版社，2019.